Make: PROJECTS

Prototyping Lab

第2版

「邊做邊學」，Arduino的運用實例

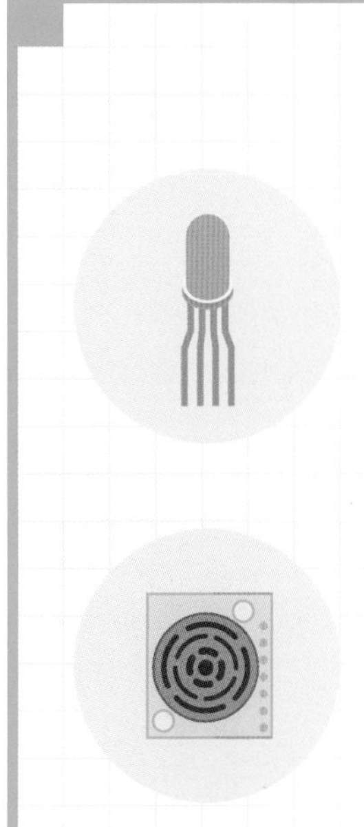

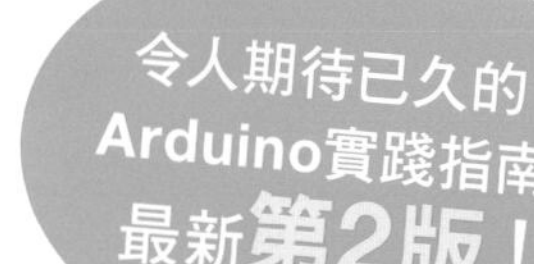

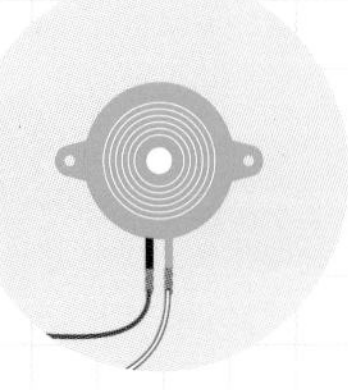

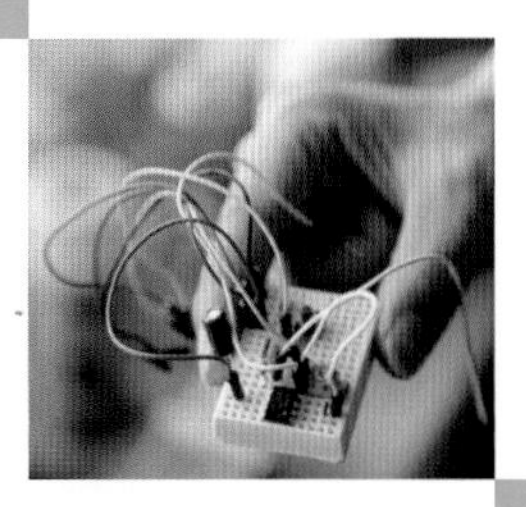

- 35個立刻能派上用場的「線路圖+範例程式」，以及介紹了電子電路與Arduino的基礎
- 第2版追加了透過Bluetooth LE進行無線傳輸以及與網路服務互動的章節，也新增了以Arduino與Raspberry Pi打造自律型二輪機器人的範例；最後還介紹許多以Arduino為雛型、打造各種原型的產品範例。

CONTENTS

桌上型 數位製造 終極指南 2018

封面故事：
龍：以MakerBot印表機搭配Mosaic調色盤列印的彩色成品。
水滴花瓶：Vcrettenard製作。
Zortrax沃羅諾伊球體：ZRAFT製作。
月之都市設計者：尤卡・謝帕嫩。
攝影：赫普・斯瓦迪雅

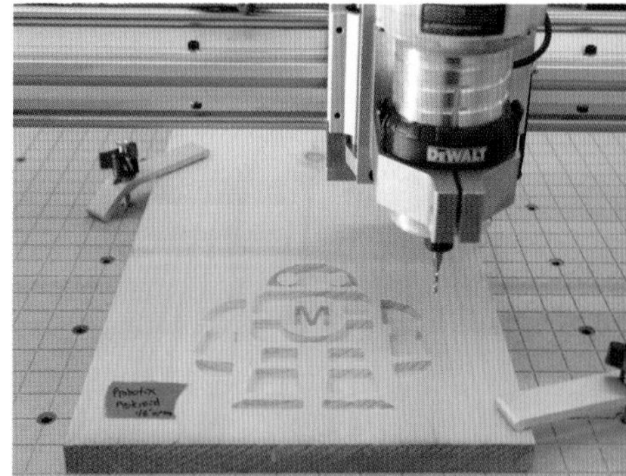

COLUMNS

Reader Input 05
Cosplay、比薩磚窯、蒐集材料時的疑問。

Made on Earth 06
綜合報導全球各地精采的DIY作品。

FEATURES

親子自造趣 12
全家人一起製作CNC雕刻機，將帶來無比的收穫。

功能重於形式 16
又把印好的尤達大師弄壞了？列印其他實用的東西消消氣吧。

少年的「印」想世界 18
在孩子的Maker創業路上幫她╱他一把。

機具大未來 20
3D列印業界的發展不容小覷。

Maker Profile：天作之合 22
聽丹妮兒・愛波史東收購與重整Other Machine Co.品牌的心路歷程。

MACHINE REVIEWS

最佳列印 24
針對今年的機具市場提供我們的觀點。

熱熔融沉積式印表機：
RAISE3D N2 28
PRUSA i3 MK2S 30
PRUSA i3 MK2/S MM 31
PRUSA i3 MK3 31
PRINTRBOT SIMPLE PRO 32
FELIX 3.1 33
HACKER H2 33
ULTIMAKER 34
FELIX PRO 2 35
CRAFTBOT XL 35
MAKERGEAR M3 36
DREMEL 3D45 37
MONOPRICE SELECT MINI V2 37
TAZ 6 38
ZORTRAX M300 38
LULZBOT MINI 39
PRINTRBOT SMALLS 39
VERTEX NANO 40
MAKEIT PRO-L 40

光固化印表機：
XFAB 42
DUPLICATOR 7 43
MOAI 43

CNC工具機：
BENCHTOP PRO 44
ASTEROID 45
MILL ONE KIT V2 46
HANDIBOT 2 47
HIGH-Z S400T 47

雷射切割機：
GLOWFORGE BASIC 48
MUSE 48

混合式機種：
STEPCRAFT 2/840 49

電腦割字機：
TITAN 2 50
CURIO 51
SCANNCUT2 CM350 51

矚目機種 52
這些機器肯定會成為新一代創新工具。

分數評比 54
藉由這些表格，能夠幫助你找到符合自己需求的桌上型數位加工機具。

TIPS

光輝前程 58
結合多樣化材質，帶出3D列印新風貌。

噴嘴怎麼挑？ 60
客製化熱擠出頭與特殊線材的排列組合。

鬚毛的魅力 62
讓3D列印作品生出毛髮。

忠實熔合好幫手 63
用3D列印筆焊接零組件。

精準切割 64
5項你應該謹記在心的雷射切割設計考量。

「切」入正題 66
為何買3D印表機前該先買雷射切割機？

雕刻機再升級 67
利用這些小技巧和改裝手法升級你的便宜雷雕機。

糊狀複製 68
以液體為基礎的列印材料，提供專題更多選擇。

印表機大改造 70
讓平淡無奇的低廉設備發出萬丈光芒。

精益求精71
透過這些升級方式為舊機器注入新生命。

PROJECTS

自製星空圖 72
用雷射切割重現人生難忘時刻的星空！

水轉印外裝 75
用水轉印為列印作品增色。

CNC板凳 76
動手重現你的傳家之寶。

迷你雷射秀 79
手動控制這個3D列印裝置，創造目眩神迷的影像。

iPad提詞機 80
列印一臺方便的提詞機。

Toy Inventor's Notebook：佳節氣氛玻璃窗印花 81
使用模板和玻璃清潔劑輕鬆製作節日裝飾。

SKILL BUILDER

原型製作冒險之旅 82
CNC、雷射切割、光固化與熱熔融沉積式列印大比拚。

完美榫接 86
以數位化細木工技術打造更好的組裝方式。

常溫鑄模 87
做出以假亂真的金屬製品。

SHOW & TELL

Show & Tell 88
來看看這次惡搞杯大賽的優勝作品！

注意：科技、法律以及製造業者常於商品以及內容物刻意予以不同程度之限制，因此可能會發生依照本書內容操作，卻無法順利完成作品的情況發生，甚至有時會對機器造成損害，或是導致其他不良結果產生，更或是使用權合約與現行法律有所抵觸。

讀者自身安全將視為讀者自身之責任。相關責任包括：使用適當的器材與防護器具，以及需衡量自身技術與經驗是否足以承擔整套操作過程。一旦不當操作各單元所使用的電動工具及電力，或是未使用防護器具時，非常有可能發生意外之危險事情。

此外，本書內容不適合兒童操作。而為了方便讀者理解操作步驟，本書解說所使用之照片與插圖，部分省略了安全防護以及防護器具的畫面。

有關本書內容於應用之際所產生的任何問題，皆視為讀者自身的責任。請恕泰電電業股份有限公司不負因本書內容所導致的任何損失與損害。讀者自身也應負責確認在操作本書內容之際，是否侵害著作權與侵犯法律。

Hep Svadja, MakerBot/Mosaic

國家圖書館出版品預行編目資料

Make：國際中文版／MAKER MEDIA 作；Madison 等譯
-- 初版. -- 臺北市：泰電電業，2018. 5 冊；公分
ISBN：978-986-405-054-3 （第 35 冊：平裝）
1. 生活科技
400 107002234

Vol.36
2018/7
預定發行

www.makezine.com.tw 更新中！

國際中文版譯者

Madison：2010年開始兼職筆譯生涯，專長領域是自然、科普與行銷。

Skylar C：師大翻譯所口筆譯組研究生，現為自由譯者，相信文字的力量，認為譯者跟詩人一樣，都是「戴著腳鐐跳舞」，樂於泳渡語言的汪洋，享受推敲琢磨的樂趣。

七尺布：政大英語系畢，現為文字與表演工作者。熱愛日式料理與科幻片。

屠建明：目前為全職譯者。身為愛丁堡大學的文學畢業生，深陷小說、戲劇的世界，但也曾主修電機，對任何科技新知都有濃烈的興趣。

張婉秦：蘇格蘭史崔克萊大學國際行銷碩士，輔大影像傳播系學士，一直在媒體與行銷界打滾，喜歡學語言，對新奇的東西毫無抵抗能力。

曾筱涵：自由譯者，喜愛文學、童書繪本、手作及科普新知。

鄭宇晴：臺大歷史系碩畢。喜愛閱讀科普及科技新知。曾任《MAKE》國際中文版雜誌編輯。

劉允中：畢業於國立臺灣大學心理學研究所，喜歡文字與音樂，現兼事科學類文章書籍翻譯。

蔡宸紘：目前於政大哲學修行中。平日往返於工作、戲劇以及一小搓的課業裡，熱衷奇異的搞笑拍子。

蔡牧言：對語言及音樂充滿熱情，是個注重運動和內在安穩的人，帶有根深蒂固的研究精神。目前主要做為譯者，同時抽空拓展投資操盤、心理諮商方面能力。

謝明珊：臺灣大學政治系國際關係組碩士。專職翻譯雜誌、電影、電視，並樂在其中，深信人就是要做自己喜歡的事。

Make：國際中文版35
（Make：Volume 60）

編者：MAKER MEDIA
總編輯：顏妤安
主編：井楷涵
編輯：潘榮美
網站編輯：偕詩敏
版面構成：陳佩娟
部門經理：李幸秋
行銷主任：莊澄蓁
行銷企劃：李思萱、鄧語薇、宋怡箴
業務副理：郭雅慧
出版：泰電電業股份有限公司
地址：臺北市中正區博愛路76號8樓
電話：（02）2381-1180
傳真：（02）2314-3621
劃撥帳號：1942-3543 泰電電業股份有限公司
網站：http://www.makezine.com.tw
總經銷：時報文化出版企業股份有限公司
電話：（02）2306-6842
地址：桃園縣龜山鄉萬壽路2段351號
印刷：時報文化出版企業股份有限公司
ISBN：978-986-405-054-3
2018年5月初版　定價260元

下列網址提供本書之注釋、勘誤表與訂正等資訊。 makezine.com.tw/magazine-collate.html

Cosplay靈感激發、甩出完美窯烤比薩、材料爭議

READER INPUT

Cosplay Inspiration, Slinging the Perfect Pie, and Material Conflicts

譯：劉允中

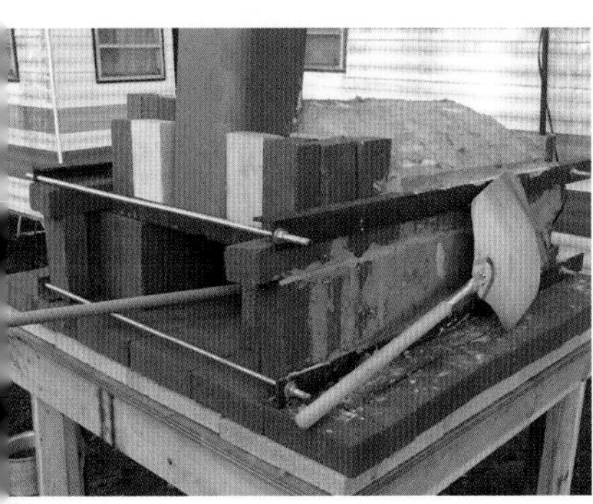

COSPLAY萬歲！

我兩歲的女兒愛麗絲（Alice）跟我說她萬聖節的時候想要扮成一個大機器人，讓我苦惱了好一陣子，後來，我從你們的文章（《MAKE》國際中文版Vol.34第14頁〈巧手服裝秀〉）得到靈感，也學到一些方法，我花了幾個禮拜，想辦法做出這個機器人，後來，我女兒在社區的扮裝大賽中拿了第一名！

——肯恩・賈維斯，電子郵件

完美窯烤比薩

在去年World Maker Faire當中，有一個攤位展出「一天打造比薩磚窯（One-Day Wood-Fired Pizza Oven）」（《MAKE》英文版Vol.53第34頁，makezine.com/projects/quickly-construct-wood-fired pizza-oven），凱斯・哈瑪斯（Keith Hamas）是最後大獎的得主，他寫了一篇文章，談及他製作烤箱以及完美比薩的心路歷程：

「對敢於親手製作比薩的人來說，比薩不只是食物，還是一項歷史悠久的傳統，過程定會帶來挑戰與挫折，而且吃比薩的喜悅，遠比滋補身體的養分還重要。對我來說，打造戶外磚窯是邁向完美比薩的第一步。」

如果想繼續閱讀，可以參考以下網址makezine.com/2017/09/23/slinging-pies-winner-2016-maker-faire-pizza-oven-giveaway-checks。

置入性行銷？

我想談談一篇最近出現在你們網站上的文章（〈DIY漂浮盆栽〉，《MAKE》國際中文版Vol.34第54頁，makezine.com/projects/build-your-own-magnetic-levitating-plant。）

我覺得想法很酷，文章也很棒，然而做為一篇寫給Maker看的文章就很可惜，專題核心的素材（漂浮裝置）只有文章作者在賣，價錢大概是AliExpress（全球速賣通）類似產品的的2到3倍。 基於Maker運動的精神，至少可以請作者提供設備跟做法，讓我們自己動手做，而不是只能去作者的店裡買，裝置的實際做法與來源不明， 這樣看起來，這篇文章變得好像是廣告，我不是覺得賺錢不好，只是如果是廣告的話，應該要註明！

——麥克・考菲，電子郵件

《MAKE》雜誌主編麥克・西尼斯回應：

在編輯這篇專題文章時，我們有特別詢問作者傑夫・歐森，他說，他賣的磁懸浮裝置比網路上同規格的產品更好，不過我必須承認，這是他的說法，我們並沒有實際去購買和測試全部產品。

關於這個問題，編輯團隊也有諸多討論，我們知道邀請一個人來為自己賣的產品撰寫專題文章有點奇怪，不過，在我們的經驗當中，也有看過一些社群為《MAKE》撰寫文章，後來產品成長茁壯，Arduino和Raspberry Pi就是很好的例子，當然，這可能不是很公允的比較，不過，我們依舊認為支持專業 Maker和他們的動手做專題有其價值。

雜誌字體太小！

我讀你們網站文章一陣子了，最近，我決定開始訂購《MAKE》雜誌，我很想問一個問題，在出版前有人核對過紙本雜誌嗎？我覺得雜誌字太小了，很難閱讀！

——傑夫・B，電子郵件

美術顧問茱利安・伯朗回應：

我們會處理！

MADE ON EARTH

綜合報導全球各地精采的DIY作品

跟我們分享你知道的精采的作品
editor@makezine.com.tw

譯：編輯部

波光粼粼

ERINSTBLAINE.COM

近兩年來，北卡羅萊納州的格林斯伯勒（Greensboro）出現了一個非比尋常的景象。近400隻美人魚族從世界各地遷徙而來，驕傲秀出他們的尾巴、拍打水波，還成群結伴玩鬧了起來，參與《美人魚狂熱》（Mermania）的活動。其中以艾琳・聖布蘭恩（Erin St. Blaine）的「美人魚光輝」裝扮脫穎而出。

這套外嵌LED、防水且可做為游泳衣的美人魚尾，重達15磅，耗時三年製作。撇開套裝身上的LED不說，更以絕佳工藝製成。這件美人魚裝由氯丁橡膠（neoprene）、單蹼構造組成，表面有鱗片一般的漆底，再加上水鑽、寶石和蕾絲點綴。

這是聖布蘭恩首件大型LED服飾作品。她將這180顆可尋址（addressable）、可防水的LED，以樹脂固定或鑲嵌於矽利康內，達到雙重防水功效。這些LED由Arduino Micro微控制器操控，並經由藍牙連線到專用的應用程式。這是製作過程其中一項較為困難的工程，因為這是她第一個使用Android系統的作品，尾巴的LED一經修改，便必須大幅調整程式。利用FastLED Arduino程式庫，能讓她的LED顏色瞬間變化出不同氛圍和主題，她還把LED與她和老公一起錄製的歌同步。

聖布蘭恩表示，專題製作過程極為艱難，「為作品改良、拆毀、重建和修補花的心力難以想像。如果原先就知道會如此折騰，我可能還沒開始就先放棄了。但有時無知就是福。當你對一件事懷有熱情，並持之以恆，那些承受的挫折也就值得了。」

——莎拉・薇塔克

譯：蔡宸紘

隱身郊野的巨人

THOMASDAMBO.COM

湯瑪斯・丹波（Thomas Dambo）是一位在哥本哈根創作的藝術家。在近二十五年創作的歷程中，他成了完全運用「再生資源」來進行創作的專家。他說：「我從小蓋樹屋的時候也是這樣，常常就推著購物的手推車在各處找可以用的材料。」丹波常帶著兩位助手和三名實習生在當地的商家中找尋廢材，他們通常會以大量的棧板當作素材，尤其在丹麥以外地區製作專題時更常用，因為棧板很容易取得。

丹波最新的作品《被遺忘的六個巨人》（The 6 Forgotten Giants）散布在世界各地，包括澳洲、德國、佛羅里達和波多黎各等地區。丹波期望人們在前往觀賞作品的過程中，能像是玩尋寶遊戲一樣，可以體驗到神祕的探險氛圍。

「很多人已經丟掉好奇和冒險的心了」，丹波說，「幾乎沒人知道自己住的城市裡有多少值得發現的事物。所以，我選擇把塑像放在幾乎沒有人煙的地方，這樣一來人們在前往觀看作品的時候，也能夠觀賞到平時看不到的自然景色。我認為，比起直接把塑像擺設在市中心，這樣的做法絕對能為人們帶來更多的感受。畢竟，他們要找到巨人們還得費一些心思。」每一座巨人附近都會有一塊石碑，石碑上刻有詩文，這些文字正是指引如何找到其他巨人的提示。

丹波創作的方式是：他相中了一個地點後，直接搭配現有的素材產生創作的靈感。丹波也會讓巨人和周圍的環境互動，讓他們看起來像有生命一般，例如有手握著樹木枝幹的動作，也有倚著山丘坐著的姿態，一派自在。如果是在當地創作，丹波會在工作室裡先製作好細節部位，像是臉部、手和腳掌的零件，然後再開車送到建造的地點去。如果有五到十個人一起合作的話，完成一個巨人大約要花兩個禮拜的時間。

除了巨人的創作，丹波也在自己的工作室經營了間小型的公立學校。在學校裡，民眾能夠學著用再生資源創作東西、玩出樂趣和製作自己的專題原型。丹波說：「教學已經成了我的工作和使命。我們需要更關懷我們居住的地球，做到更完善的回收利用也是行動重要的一環。藉由創造大型、正向、有趣和互動型的作品，對人們傳達：再生利用比丟棄能夠創造更大的價值。」

——蘇菲亞・史密斯

Thomas Dambo

蜜蜂型3D印表機

譯：劉允中

JENNIFERBERRY.DESIGN

當光打在生物學家兼藝術家珍妮佛・貝瑞（Jennifer Berry）的蜂蠟雕塑上，蜂巢結構一覽無遺。透出的光影之間可以清楚看到精緻層疊的幾何結構與蜂巢的天然紋路。這個作品是由珍妮佛發展的3D印表機輸出而成，她將之稱為蜜蜂型生物3D印表機。這臺機器讓她與史無前例的蜜蜂藝術家合作！

雖然，珍妮佛本來就是養蜂人，以蜜蜂為媒材來創作也是她2013年夏天以藝術家身分進駐Autodesk時才有的靈感。，她幫蜂群換了新家，多放一塊蜂巢，看看牠們會如何使用這塊蜂巢。

幾天後她有了新發現，「蜜蜂已經把那塊蜂巢接合到其他塊，磨壞的邊角已被撫平、修補起來，這些蜜蜂正一步一步重整他們的家園。這一切簡直是美呆了！」她憶道。

為了能跟蜜蜂充分合作，她打造了一臺B-Code（蜜蜂型）生物3D印表機，B-Code外身為塑膠外殼，讓蜜蜂可以在這個外殼裡頭築巢。如果需要的話，也可以加入通風孔，設計成被動式環境控制。

對稱B-Code為3D印表機，珍妮佛津津樂道：「如果把每一隻蜜蜂當作噴頭，內含長時間演化而來的程式碼，塑膠外殼內的空間看成列印平臺，那麼，你應該也會覺得這就是一臺生物3D印表機。」

蜜蜂不會直接在塑膠外殼上築巢，所以珍妮佛會放置蜂蠟或切下來的蜂巢，蜜蜂就會想要繼續築巢了。蜜蜂的行為其實很好猜，蜂巢上的孔洞通常是4到6mm的六角形。如果孔洞太大，他們會自己修補，直到符合所需為止。當作品外型變好看，同時蜜蜂又可以在裡頭生活時，就會準備展示了。

——麗莎・馬汀

Jennifer Berry

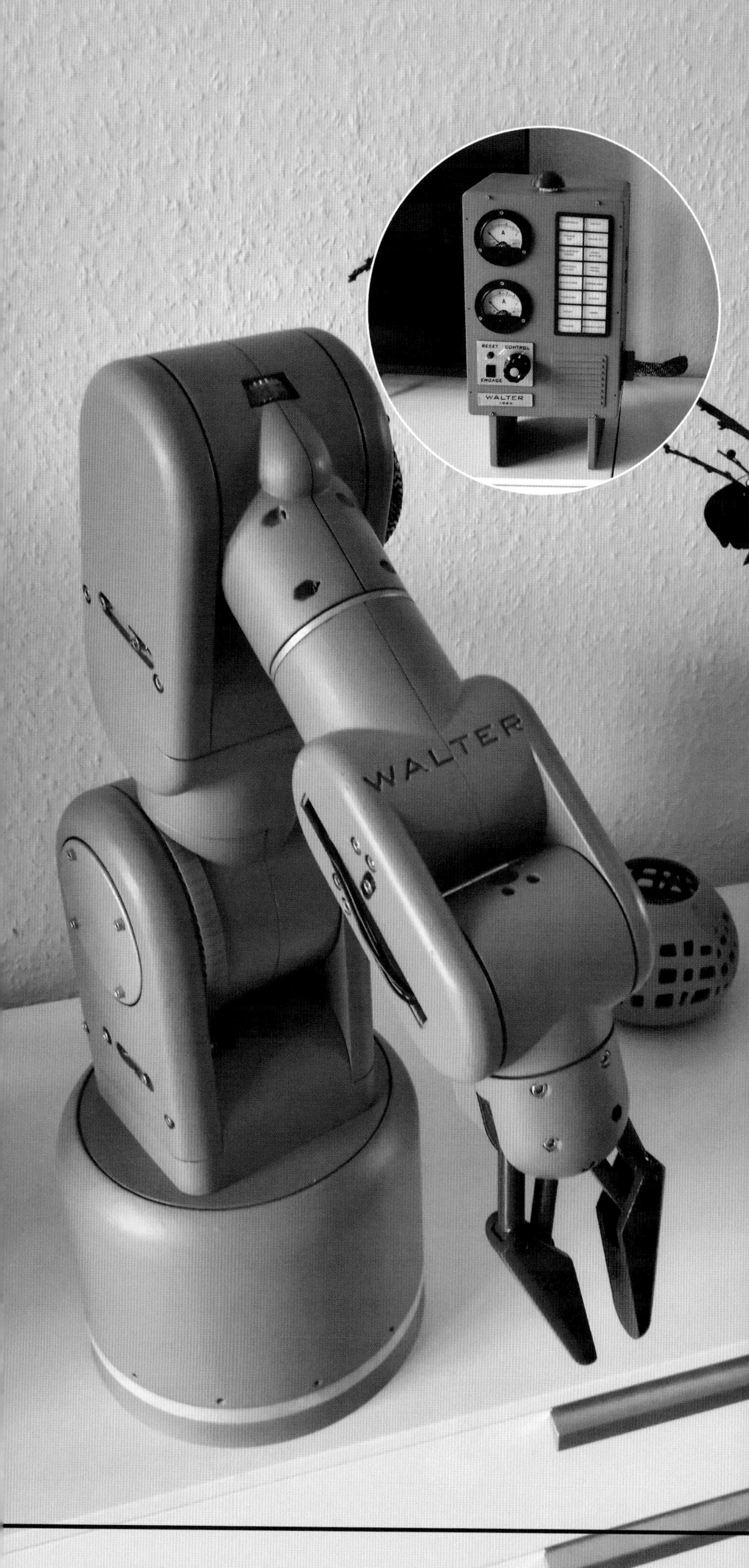

譯：屠建明

復古機械手臂

GITHUB.COM/JOCHENALT

華特（Walter）是一臺有著50年代東德風格6軸機械手臂，出自於德國軟體工程師約亨・奥特（Jochen Alt）之手，他還拍了一部華特退休的淒涼影片（youtu.be/XK3WcrrcC8U）。

奥特想要打造一臺像華特一樣「復古」的機器人，他使用了伺服馬達和皮帶驅動來控制6軸。夾爪的動力也來自伺服馬達。機身以3D列印製成，塗以底漆和填料，再用早期機器的標準顏色淡橄欖綠上色。

華特的美可不只有表層的漆這麼膚淺，它的機械設計和說明文件都非常用心，手臂採用80個軸承，位於底座的其中一個直徑達110mm。奥特也巧妙地除去了結構上的突出部位。和其他人製作的相比， 多數的機器人製造者在機器人可以動之後，就覺得已經完成了，但要讓它活動順暢可要再下點工夫。他使用了一些複雜的貝茲曲線方程式來順利控制手臂的路徑，並設置了規畫路徑的電腦軟體和手臂控制箱裡的硬體。資料以OpenGL在電腦上顯示，接著傳送到控制箱來執行。

奥特約花了30週的時間打造華特，主要利用週末晚上和兩次「有很多時間可以研究CAD設計的海灘假期」。

若你也想要打造一臺華特，奥特也提供了詳細的專題說明文件。在他的GitHub頁面（github.com/jochenalt/Walter）上有CAD檔案、程式碼和規格表。

──傑若米・庫克

Jochen Alt

A Fab Family
親子自造趣

西恩・費爾本
Sean Fairburn
Makerspace「Maker 大隊」（1st Maker Battalion）創辦人，「遊戲寶座」設計者，曾獲艾美獎最佳攝影指導。是海軍陸戰隊退役軍人，也是五個孩子的爸爸、Maker 兼設計者。

一起完成一件大事，將帶來無比的收穫 文：西恩·費爾本 譯：蔡牧言

大約四年前，我開始和孩子們一起打造稱為「遊戲寶座」（Gaming Throne）的高級工作桌兼電子平臺，那時迦勒（Caleb）17歲、約書亞（Joshua）15歲、納撒尼爾（Nathanael）12歲。起初的念頭是，我想給自己和孩子們一個無敵舒適、專為我們共同作業設計的工作環境。迦勒利用Fusion 360設計寶座的所有部件，然後我們租了附設CNC雕刻機的工作室，裁切出整整89個部件。為求精確，設計的過程很耗時，而每個部件都用一般工具調整和修改，既困難又拖泥帶水。

我們決定用桌上型雕刻機，依照這些部件刻出模具，為之後的寶座做準備。利用這個方法，我們很順利地做出另外2個寶座，但每當想在設計上稍做修改，就需要新的模具。這也使得用CNC雕刻機把所有部件切出來的時間，從2.2小時延長到4天，因為每個孔洞、倒角和修邊，都得手工製作。

從設計中學習

到了這個節骨眼上，我們認為必須掌握每個環節，才有足夠的應變力繼續製作。這樣做的主因在於激勵孩子，給予他們實際的學習動機，培養每個環節背後所需的相關能力，並學會跨領域的知識：

» **設計**：利用Fusion 360設計寶座，也等於在學習3D和整合式設計。

» **工程**：遵照設計圖製作部件，所學會的是實用的木工技巧。

» **加工**：後續的打磨和上漆，培養的是對品質和技藝的感知力。

» **組裝**：將所有部分組裝，所有環節就變得真實、美麗。

接著為了提高工作效率，就要檢討製造產品時所需的成本和能力。假設有某間公司下訂12個寶座，手工製作就得花上3個月的時間，顯然我們需要自己的CNC雕刻機。

大量組裝

我們開始著手設計自己的CNC雕刻機。它整體偏大、穩定，並有4×8英尺的裁切平面。另外，相較於市售底座，我希望占地不要太大，而且要便於收拾灰塵及碎屑。我們決定把它設計得非常強壯，足以裁切硬質木材或是較軟的金屬。我們也研究了CNC雕刻機的構造，如果買得到的部分就用買的，像是Nema 34步進馬達和馬達座。我們自己設計支架和龍門，底座用粗3×3英寸、厚3/16英寸的方形鋼管製作，因此需要多學一項技術：焊接。除此之外，還得接觸熱動力學，因為鋼管上的焊接處會延展或收縮，對作品整體精確性是個挑戰。

焊接一面穩固又平整的底座，大概是整個專題中最難的部分。成果是5×10英尺的底座，中心部分比邊角高了大概1/4英寸，比我預期的還要好。

焊接一面穩固又平整的底座，大概是整個專題中最難的部分。

The Fairburn Family

我鼓勵嘗試和大膽實驗，特別是在設計和加工技巧方面。
失敗是最好的老師。

我們向Motion Constrained（導軌機組通路商）買了線性滑軌和滑塊。接著我們得再一次耐著性子，加工馬達皮帶的皮帶輪，準備好所有部件，準確、謹慎地鑽孔和攻牙。

龍門的部分，我們把鋼管並排焊接在一起，如此兼具強度和彈性，可搭配不同的主軸和工具。因為龍門長度88英寸，所以我們得在滑塊上加裝垂直的滑軌，再把它們焊接起來。同時，為了部件之間的距離和平行校準，我們會先在兩端夾上厚度6 1/16英寸的木塊，然後搭配定位焊的手法，免得部件在焊接時被拉扯扭曲。

我們還特製一個垂直升降用的滑座，可在不同位置上栓上各式工具，這樣螺桿就不用太長，也便於使工具和底座之間保持垂直。

我們將底座傾斜65度，由於地心引力的關係，灰塵就會順勢掉入下方的集塵箱裡面。這個設計可以用任何4×8英尺的平面來運送，同時避免占用太多車庫空間。

安裝了馬達、供電系統和控制器，並牽了線、安排好電力迴路之後，我們還自製了一個220V的配電箱，用來操控所有部件的電源，其中包含一組4千瓦的主軸和變頻器，相當於一臺扭力6匹馬力的工業用切割機。

迦勒決定搬出一臺舊的蘋果Mac G5，做為我們的控制介面。這樣滿酷的，而且你很少看到有人以Mac電腦搭配CNC工具機。一想到如果別人發現這整臺設備，竟然是用舊的Mac G5來操作，就覺得很有趣。

軟焊的部分就交給納撒尼爾了。馬達電線上分別裝了公、母4針接頭，使拆裝更快速方便。我們又學到了重要的技術，就是測量和測試，因為要確保電路的連貫性，同時拿捏長度，好維持整體乾淨俐落。

所有部件組裝完成後，我們要從X、Y、Z軸進行遠距離校正，免得它切出來的東西，與我們在Mach3（CNC軟體）的設定有誤差。軟體內附馬達調校的功能，你可以透過設定分別控制3個方向的馬達，一次移動1英寸，然後再比較實際的移動距離，藉此調整至合適的準確度。我們在電鑽上裝X-Acto刀片，用來標記馬達的移動距離。我們不斷校正，直到在長度96英寸下的誤差限制在0.002英寸內。

孩子的成長

迦勒現在21歲了，目前是紐奧良一家3D列印公司的接案設計師。之前他在一間高級家具訂製廠工作，負責操作工廠裡的CNC工具機。他在那之後與我合力製作這次的CNC雕刻機和遊戲寶座，也一起製作我們販售的客製桌椅。他小時候如果犯錯，我都會罰他看Photoshop的教學影片，結果現在如果有好奇的事物，他反而都會主動上網看影片。

約書亞現在在迦勒待過的同一間工廠工作，負責製作櫥櫃、門把和抽屜面板。工作之餘，他會用木車旋製作物品，也是個身體力行的Maker。他是吉米．迪雷斯塔（Jimmy DiResta，美國知名設計師、工匠）的粉絲。約書亞無所畏懼，創造力十足。

納撒尼爾練習加工技巧有一陣子了，常利用一些櫥櫃練習打磨和上漆。他對這件事有愛，又有耐心，也對木雕、雕花和書法感興趣。他跟哥哥迦勒學Fusion 360，然後還回頭教弟弟以撒（Isaac），沒有花時間在電玩上。

甚至11歲的以撒，也懂得使用Fusion 360，設計比例1：10、顆粒2×2的樂高積木。他懂得如何利用電腦協助，製造部件、修飾細節，然後把圖檔匯入Mach 3，裝好切割機的鑽頭，以及切木頭。他完全掌握每塊樂高積木需要花費的材料和時間，現在正為聖誕節蒐集木材，想做成禮品賣給別人。他能學以致用，我感到很驕傲。

我的感想

現在，我只是單純扮演爸爸的角色，在背後鼓勵、支持、照料著孩子們，有時會給某件事起個頭，然後交給他們發揮。雖然退休了，但我長期擔任攝影指導已經25年，同時是一名海軍陸戰隊退伍老將。我重視溝通、團隊合作，還有對自己從事的事物全盤掌握，你必須知道自己在做什麼。對孩子，我強調要注重當下，還有握在手中的工具。我鼓勵嘗試和大膽實驗，特別是在設計和加工技巧方面。失敗是最好的老師。

每完成一項專題，都讓我傳授更多給孩子，直至最後，孩子們在各方面上都能照料自己，也讓他們在爭取工作、或是想販賣自製產品時，能多一分洞察力，瞭解自己需要花費多少時間或成本。付出時間在孩子身上，引導他們成為Maker、發明家、甚或創業家，未來的可能性變得非常寬廣。我為孩子們感到非常驕傲。

注釋：很多人跟我提過利用馬達皮帶，或是懸吊平衡物的方式，幫助Z軸馬達升降。不過測試後，我發現其實不需要。重量1,842盎司的Nema 34步進馬達，搭配速比3：1的變速器，每英寸可產生345磅的力量，已經足以控制Z軸滑座了。

我們的自製CNC雕刻機規格：

- 底座，5×10英尺，裁切平面4×8英尺，加上額外的2英寸
- 龍門，長88英寸，搭配底座傾斜65°，占地3英尺寬
- Y軸，速度最高可達512ipm
- X軸，速度最高可達410ipm
- Z軸，速度最高可達150ipm，易格斯（Igus）自潤系列（Drylin）螺桿，搭配電動拖鏈
- 主軸，轉速最低8,000rpm、最高18,000rpm

The Fairburn Family

功能重於形式
FUNCTION OVER FORM

泰勒・溫嘉納
Tyler Winegarner
《MAKE》影片製作人，同時也是名Maker 、工具使用者、說故事的人，更是囤積各種技術於一身的人，總是被奇怪又美妙的事物召喚。

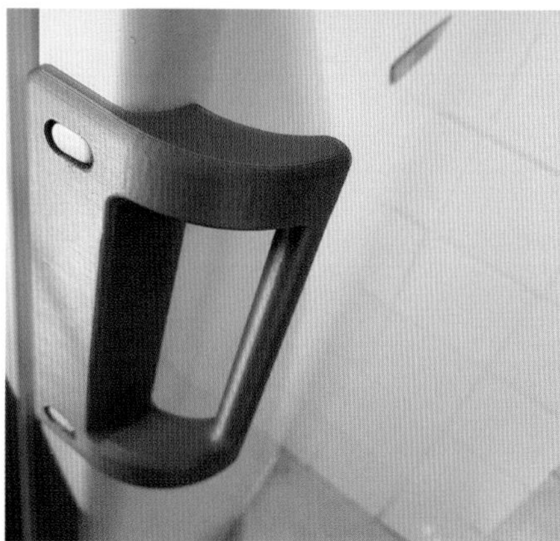

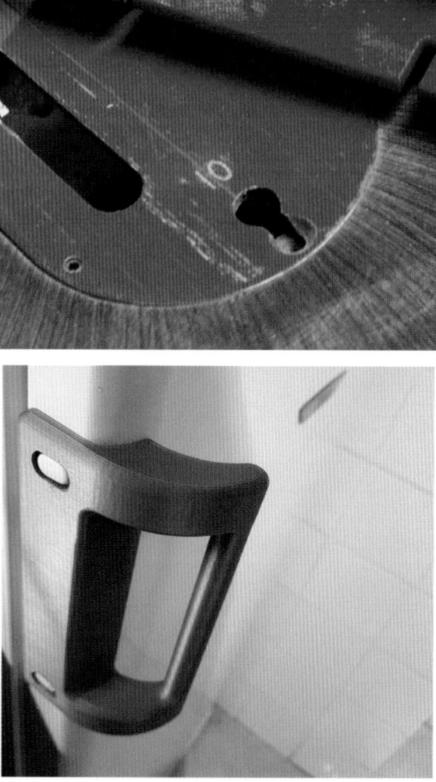

已經厭倦了印製尤達半身像和指尖陀螺嗎？來看看你的3D印表機還能做些什麼

文：泰勒．溫嘉納　譯：鄭芸婷

3D列印技術風行多年，對愛好者來說，已不再是遙不可及的高科技。在這段時間，3D印表機也成為廣受好評的玩具，可以印製出時下偶像的塑膠半身像、聖誕樹裝飾、小飾品和一些有趣的小工具。然而，3D印表機未來的發展潛力可遠遠不僅於此。不管是自己親手畫的，還是從線上圖庫找來的，你都可以很輕易地設計原型並製作簡易零件、工具、支架。

想讓你的3D印表機變得更實用的話，Thingiverse和Reddit上的熱門看板**/r/functionalprint**都是很適合小試身手的地方。除了可以更瞭解3D列印操作上的各種疑難雜症，也可以知道其他愛好者是怎麼解決這些問題的。你也可以選擇等到家裡有東西損壞了再來試試。遲早有一天，不是烤箱把手突然斷掉，就是遙控器的電池蓋會弄掉。接著，你就有藉口開始設計，或是搜尋可列印的圖檔，來製作新的替代品。（小祕訣：第一步就是先上網搜尋！你需要的物品很有可能早就有人設計過了。）

而親手設計你自己的物品，正是開啟3D列印世界大門的鑰匙。雖然，現在有幾個容易操作的設計工具，像是SketchUp和Tinkercad，但你最好還是把時間投資在學習更強大的CAD軟體，比如Onshape或是Fusion360。只要有一組精確的測量工具，就算只是廉價的數位游標卡尺，也能讓你在設計過程中如魚得水。要設計尺寸切合的零件，需要精細且準確的測量數據。列印簡易的測試探針也是一個很好的練習，幫助你在執行長時間列印前確保所有組件都能正確組合，以免浪費時間和材料。

添加硬體裝置

擁有一臺3D印表機，可能意味著你坐擁一座桌上型迷你工廠，但如果有其他助手能讓你作業更加順利，又何嘗不是好事呢？螺絲和螺帽可以更快速地將兩個零件結合在一起，尤其適合需要偶爾拆解的組件。埋入式螺帽可以讓你的模具增加內部螺紋，再裝上螺絲，或者你也可以自行設計一個六邊形的孔當作六角螺帽。如果直接用一般直徑的螺絲，就可以簡化你的設計過程，但最好要準備各種長度的螺絲，才能應用在不同的組件上。軸承能為旋轉的物件錦上添花，釹磁鐵也同樣扮演加分的角色，讓你的零件能附著在金屬上。

材料的考量

普遍來說，3D列印產品會比其他加工產物都脆弱，但這並不表示3D列印毫無用處。消費者自己用熔絲製造（FFF）列印出來的物品，無法支撐機械產生的高度應力，但還有許多設計方式供你選擇以達成目標。3D列印零件的z軸是最脆弱的，只要外力足夠，就會被層層分離或是硬生生折斷。如果你要設計的物品應力就在z軸上，只要讓它平躺在列印平臺上，就能夠彌補這個缺點。斜角（chamfer）和圓角（fillet）都可以讓零件變得更堅硬，還能在填充的造型和密度上做出變化。選擇列印材料時也需要謹慎思考，ABS在冷卻時容易收縮，但比PLA更強韌、有彈性。如果你的3D印表機可以到達更高的溫度，你可以使用更堅固的材料，像是尼龍、PETG或是聚碳酸酯。再強調一次，3D列印技術最棒的一點，就是零件便於替換，你可以根據需求隨時印製備份。

一旦你學會設計和列印物件來解決問題，無論是多微不足道的問題，你很快會發現，自己看待世界的觀點已經改變了。遇到難題時，不需要再倚賴現成的解套，你就能靠自己解決問題。無論你是需要一個特定功能的安裝支架，還是一個夾具來幫助你順利操作電動工具，又或是你只需要一些掛鉤，讓你的住家或工作環境更整齊，3D列印可以為你帶來更大的發揮空間，也提供更多設計、創造和發明的機會。

近乎完美

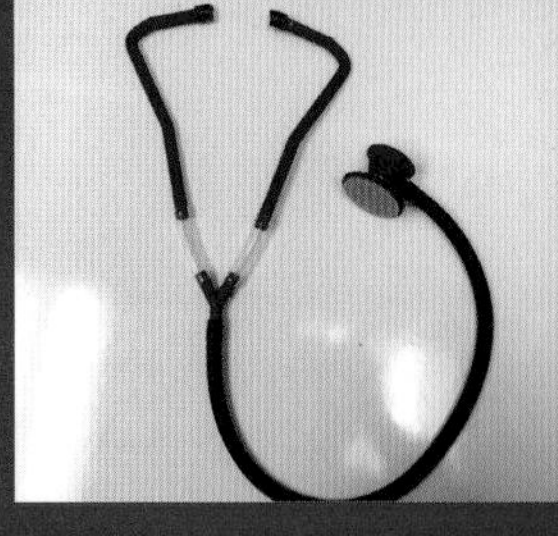

» 3D列印聽診器
身處落後或戰亂地區的醫生印製自己的器具；這支聽診器只需花費2美元的材料費。
thingiverse.com/thing:1182797

» 剪掉電視線換天線
空中的電波充斥著高畫質數位電視轉播的訊號，只要備有天線，任何人都可以免費攔截訊號。這種碎的模型設計相當有效。
thingiverse.com/thing:2471219

» 自行車燈架
我的新車車把比較粗，已經不適用於我的舊車燈架，我看不過去，所以趕緊用Fusion 360設計了這個新款。
thingiverse.com/thing:2529400

Tyler Winegarner, Richard Tran, Peter Pokojný, Gian-Luca Mateo

熱愛3D列印的創業家，
鼓舞懷有同樣夢想的一群人

達瑞斯・麥考伊
Darius McCoy
數位避風港基金會(Digital Harbor Foundation)的3D列印經理，創辦3DAssistance，3D印表機維修站，服務對象為教育者、3D Printshop（一家青少年經營的3D列印工作坊）。

少年的「印」想世界
THE KIDS ARE ALRIGHT

文：達瑞斯・麥考伊　譯：劉允中

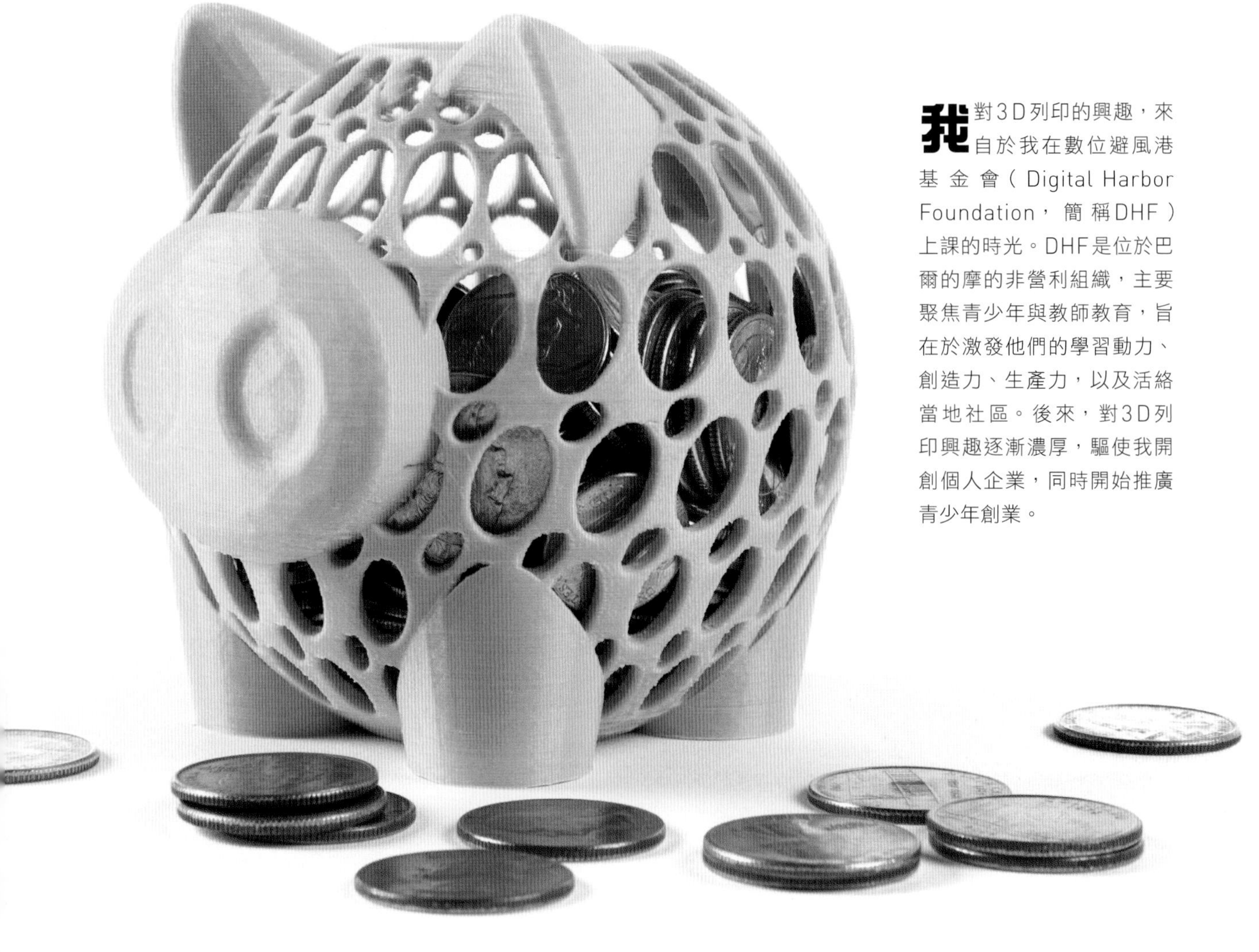

我對3D列印的興趣，來自於我在數位避風港基金會（Digital Harbor Foundation，簡稱DHF）上課的時光。DHF是位於巴爾的摩的非營利組織，主要聚焦青少年與教師教育，旨在於激發他們的學習動力、創造力、生產力，以及活絡當地社區。後來，對3D列印興趣逐漸濃厚，驅使我開創個人企業，同時開始推廣青少年創業。

我記得有一次看到有人列印出一個iPhone保護殼，我對這個製程充滿好奇，我和一位朋友有了一個點子，就是生產3D列印手機殼，然後在學校販賣。這讓我走上創業之路，創辦了冷凍熔岩（Frozen Lava）公司。

創辦冷凍熔岩初期，受到了許多幫助，但我們遇到最大的挑戰就是製造有穩定性的產品。發現iPhone殼的無限商機，讓我們決定要製作iPhone保護殼，雖然我們自己不是用iPhone。我們想設計家鄉馬里蘭的螃蟹或整個州的圖案。結果成品效果還不錯。不過我們在銷售時卻遇上瓶頸。顧客經常抱怨手機殼賣10美元太貴了，或比較想要類似OtterBox那樣保護效果較好的手機殼。我們盡了一切努力，但產品出貨時間也無法配合，最後以失敗收場。雖然公司的業績並不好，不過，我從中學到很多，更在2014年的白宮Maker Faire展示我的作品，那一年我16歲。

創辦冷凍熔岩是一個敲門磚，後來，我在高中最後一年獲得DHF工作，加入了3D Assistance公司（簡稱3DA，一家3D印表機維修與支援商店），那個時候3DA大概成立兩年，新血的加入讓企業成長茁壯，創始元老不是唸大學，就是換工作，例如新創的網路安全公司。那時我幫助整個團隊培養新的溝通方式，像是學習Slack軟體及寄送電子郵件，連自己都覺得成果斐然。

Hep Svadja

在DHF，我們用3DA賺到的錢，創立3D Printshop工作坊，進行小量的批次生產，3D Printshop與馬里蘭大學（University of Maryland）合作，也有接受美國國家科學基金會（National Science Foundation）的贊助。我們邀請一些在地的社區青少年來工作，教會他們使用Ultimaker和Prusa這類高品質的3D印表機，同時藉由培養他們的人際溝通、批判思考、專案管理、自我管理這些工作能力，對他們未來工作也會有所幫助。許多孩子也因此決定大學要選擇工程相關科系。目前3D Printshop正要進入第二年，我希望可以培養員工在發展3D設計、3D掃描與顧客關係管理的能力。

能帶給年輕人正面影響，為此我感到非常驕傲。某方面來說，我是把DHF帶給我的經驗和知識傳遞下去，「即使日後離開這份工作，這些收穫不會離開。」和許多企業家一樣，我持續不斷努力，讓公司和自我都愈來愈好！

讓我印大錢

想用3D列印大賺一筆嗎？以下教你6個技巧

其實，利用手邊的3D印表機來賺錢並不難，如果你會3D建模的話就更容易了。我可以提供兩個小祕訣，首先，獨特的產品很重要，如果你的產品別處都找不到，人們會更想要。另外，要敢定價，這裡有個公式可以參考：（材料＋人力＋其他支出＋利潤）× 4 = 最低零售成本。

販賣你的設計檔案

在Myminifactory.com、CGtrader.com和Etsy.com這些網站上，你可以要求下載你的STL檔案的人付費。

虛實通路兼營

Sculpteo和Shapeways這兩家公司都有提供模型輸出服務，你可以將產品輸出之後在實體市集販賣。同時，也可以在Etsy等虛擬通路銷售。

輸出別人的設計

另外，在3Dhubs.com網站上，你可以提供你的印表機，為別人輸出設計產品。不過，請確認授權，如果設計者註明非商用，則不可以販賣，就算跟律師說「我不是收產品的錢，我是收材料與勞力費用」也不行。

分享你的知識

你可以在自己的Makerspace 開設「3D列印概論課程」，放在YouTube、Patreon或是Twitch網站上，多少也可能有一些收益，積沙成塔。

維修3D印表機

在Craigslist網站可以提供3D印表機的維修服務，其實需要維修服務的使用者還不少喔！

將3D印表機視為工具

當然，你可以把3D印表機視為一項工具，用來生產別的東西，如果要量產販賣的話，生產速度愈快的產品，當然愈好囉！

——陶德・布萊特，custom3dstuff.com

機具大未來 HEAVY INDUSTRY

文：喬瑟夫・柯文、泰瑞・沃勒斯　譯：劉允中

用更快、更大型且更特殊的專業3D印表機印製工業級零件

喬瑟夫・柯文
Joseph Kowen
沃勒斯公司顧問，擁有希伯來大學的法律學位（伊朗，耶路撒冷），以及凱斯西儲大學的 MBA 學位。

泰瑞・沃勒斯
Terry Wohlers
企業顧問、分析師、作家及演說家。現為沃勒斯公司總裁，於 30 年前成立該獨立顧問公司。

專利給予發明者到期前專賣的權利，到期之後，任何人都可以將這項新技術用於產品上。今天我們看到擁有熱熔融沉積技術（Fused Deposition Modeling，簡稱FDM）的3D印表機，就來自1992年史考特・克倫普（Scott Crump）申請的專利，拜他的創新技術之賜，現在全世界有數以百萬的人都可以低成本花費來使用。

時至今日，克倫普創辦的Stratasys公司仍以相同的概念生產工業級 3D印表機。目前，高檔的印表機可以用不同材料，印製36×24×36英寸大小的成品。舉例來說，波音（Boeing）跟空中巴士（Airbus）的飛機就用了很多ULTEM 9085材料製做的零件。那麼，你知道這種等級的3D印表機要多少錢嗎？答案是400,000美元，儘管如此，還是有許多企業因為業務需求，願意下重本來買這些印表機。

根據《沃勒斯報告》2017年研究報告指出，工業級3D印表機的平均銷售單價（ASP）是104,222美元，可列印金屬材料的印表機平均銷售單價則是 566,570美元，如果單看售價在5,000美金以下的桌上型3D印表機，平均銷售單價是1,094美金。3D印表機的基本概念是一樣的，就是一層一層把成品疊加起來，儘管如此，高級的印表機和平價的印表機還是有很大的差別。

克倫普在發展FDM技術時，也有其他3D列印的先驅者在開發其他可能性，光固化成型法（Stereolithography）就是一個例子。它的原理是用光照在光聚合物（photopolymer）上，這個方法在工業用途上也很常見，不論大零件或小零件都可以使用。由於這項技術專利已經到期，現在簡單的光聚合固化（vat photopolymerization）印表機只要3,500美元左右就可以到手，3D Systems是第一個將這項技術商業化的公司，他們家的大型光固化成型系統還是要價990,000美元！

有一種3D印表機，透過粉體熔化成型技術（powder bed fusion），使用雷射將粉體熔化成型，可以打造出高效能的零件。原用於製作塑膠零件的這項技術，現在再次成為積層製造（AM）界最火熱的話題，有望打造能使用的金屬零件。

業界現況

許多製造商認為，積層製造會成為下一個世代的零件生產方式，這背後代表了全球高達12.8兆美元的商機！

材料：目前3D印表機能使用多種的塑膠材料，包含尼龍、彈性體（elastomer）、矽利康（silicone）、克拉（Kevlar）、碳纖維填充塑膠（carbon fiber-filled plastic）、甚至也有生物相容性的材料。工業公司則將3D列印技術應用於鎳、鈦和其他貴金屬，來製造噴射機引擎、牙冠、汽車耗材甚至是珠寶。此外，金屬鑄模用的陶瓷零件與鑄砂也已經有人用3D列印的方式生產。

尺寸：Cincinnati公司生產的巨型積層製造系統（BAAM）可以打造240×90×72英寸大小的零件，每小時擠出80磅重的熱塑型材料，等於同時使用2,725臺桌上型Ultimaker 3的產量！

生產量：以短期生產而言，工業級3D印表機生產零件的產量和速度都可以和傳統生產方式一較高下。根據沃勒斯研究計算，Ultimaker 3小型印表機需要163臺才能與一臺HP Jet Fusion 4200印表機的產量相提並論。在加州有一家服務供應商聲稱他們用六臺HP印表機，每週可以生產600,000個小零件，不需要鑄模，只要完成設計就可以直接投入生產！

應用：NASA的馬歇爾太空飛行中心（Marshall Space Flight Center）目前已開始利用金屬積層製造技術來生產點火器、注射器、燃燒室與渦輪泵，將用於下一代的推進系統當中。奇異公司（GE）也開始應用這項技術來生產LEAP引擎燃料噴嘴，除了重量輕25%、使用年限增加5倍之外，還更容易生產。目前，奇異公司每年可以生產上萬件3D列印的噴嘴，此外，他們也為CT7直升機重新設計引擎，新的引擎設計有40%的零件都可以3D列印生產，拜積層製造技術之賜，奇異將所需的900個零件降到16個，產品重量跟成本都降低了35%。

對Maker來說，好消息是眼前工業生產的技術，不久後也會為大眾所熟悉。等到專利過期後，野心勃勃的創業家會不遺餘力將這些技術帶給大眾。其實，這已如火如荼在進行了。

3D列印界聖經

對專業3D列印有興趣的人，都該讀讀《沃勒斯報告》，這份報告會鉅細靡遺地介紹整年積層製造的現況，從全球最大的工具製造商，到《MAKE》雜誌常出現的桌上型印表機。這本報告厚達343頁，全是積層製造的資訊，例如列印廠商提供的軟體選擇和材料特性。一本500美元有找，雖對業餘愛好者來說也算是一筆開銷，不過對於數位製造從業人員來說，這本堪稱聖經級的參考資料！

——麥克・西尼斯

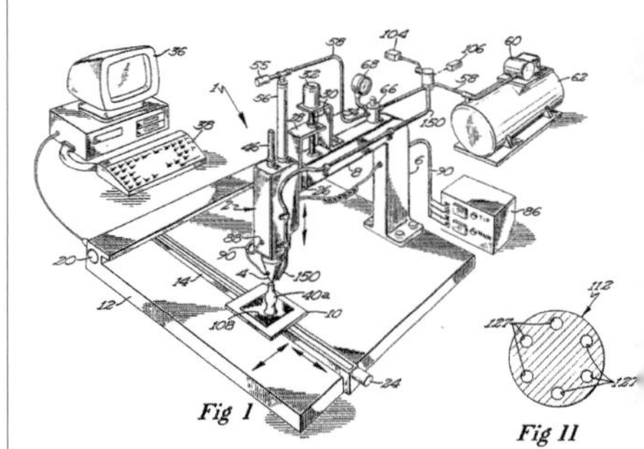

Alex Schroff for GE Reports, NASA/MSFC/Emmett Given, NASA/MSFC/David Olive

天作之合 Finding the Right Fit

文：DC・丹尼森 譯：劉允中

聽丹妮兒・艾波史東聊她收購Other Machine Co.的故事、如何為這間公司打造嶄新面貌，並與布瑞・佩帝斯展開合作

DC・丹尼森
DC Denison
是Maker職人電子報(Maker Pro Newsletter,介紹Maker與商業結合的故事)的編輯,此外也是Acquia軟體公司的資深科技編輯。

丹妮兒・艾波史東(Danielle Applestone)是Bantam Tools(之前的Other Machine Co.)執行長,他們主要的產品之一是Bantam Tools桌上型PCB雕刻機。公司創立的最初五年,就在Kickstarter上募到312,000美元的資金,還有來自投資者6,500,000美元的經費。他們賣出了上萬套產品。最近,丹妮兒重整公司品牌,並與公司新的擁有者布瑞・佩帝斯(Bre Pettis)共同重塑未來的展望。布瑞・佩帝斯是消費型3D印表機製造商先驅MakerBot的創辦人,亦曾擔任執行長。

你曾經加入一個小型的Maker專家團隊,你們創辦了一間公司,然後把公司賣掉了,可不可以跟我們聊聊這一段故事?

對銀行或創業投資者來說,我們不是最好的投資對象,所以我們一直與各方對話,希望能找到合作夥伴。有些公司只對我們的軟體有興趣,有些公司只對我們的硬體有興趣,但我真心希望可以找到認同我們初衷的人。

我去找布瑞的時候,其實是想向他討教,結果沒想到他對我們公司有興趣。

許多人應該都有讀過關於布瑞的負面文章,你應該也不例外,你不會覺得擔心嗎?

一開始,我對布瑞的認識也是來自媒體報導,所以,我很早就問了他這個問題,對我來說,這還滿重要的,彼此要坦誠相對。我覺得我看人還滿準的,那天聊完之後,我認為這個人個性沒有問題,而且我一直相信人會成長,他買下我們公司,我們一起合作重新打造公司品牌,這一段經驗更讓我確信他不是壞人。跟布瑞合作是很好的經驗, 他擅長行銷與業務,這是我不擅長的領域,所以全權交給他打理,但我還是獨立執行長。

對於公司可能被收購的Maker,你有什麼建議?

如果賣掉公司無法讓你大賺一筆,那麼,或許可以從「社會利益」的角度思考,想想大眾需要的是什麼,怎麼樣才能滿足他們。然後,不斷前進,大量地、甚至過度地與人溝通。老實說,所謂溝通, 許多時候只需要傾聽。很多公司會失敗,我覺得是溝通這個環節出問題。收購這個過程滿辛苦的,和公司營運的挑戰很一樣。

你覺得要設計出消費者想要的產品,最好的方法是什麼呢?

製作100個產品原型,想辦法把產品原型賣出去,然後觀察消費者的使用情形,在這個過程中,你會學到很多很多,比方說,你會發現銷售有多麼困難,還有,顧客的信賴是多麼可貴,消費者逐漸開始使用你的東西,產生依賴感,結果後來東西壞了,這是一個珍貴的產品可靠度測試。我認為,這個過程中最重要的是,你從真實的人身上得到真實的回饋。

之後,就可以火速進行各種調整,你會學著面對許多未知數,畢竟那是往後的必經之路。

對於想把產品賣到學校的人,有沒有什麼建議?

如果產品價格不高,爸媽或老師就可以決定是否購買。過了某個價格門檻,就要經過老師、學校行政人員、院長、校長、採購部門等重重關卡,學校的預算總是捉襟見肘,如果是公立學校,那他們真的要非常感興趣才會購買。在大學,他們有獨立的預算,依我們目前的銷售狀況來看,大概是六成賣給公司行號,四成賣給大學。

在進行品牌重建時,你們提到會將重心放在職業電機工程師上,你們為何決定將目光焦點從業餘愛好者身上移開呢?

經歷了Kickstarter的募資之後,我們必須考量客群的問題,我們的產品價格相對高,業餘愛好者可能沒有理由撥出這樣的預算,對專業的電機工程師來說,這個機率大一點,當然,最終我們當然希望拓展客群,或許圖書館也可以擺一臺。我和許多經營機械車間的朋友談過,他們很喜歡Bantam Tools的PCB雕刻機,還說:「我可以把PCB雕刻機帶回家,跟小朋友分享我在做的事,告訴他們那有多棒!」,他們會理解這一切有多重要,不會說:「唉唷,工廠好無聊喔」,而是說,「這是我們的未來!」

訪談全文請見《MAKE》官方網站(makezine.com/go/bantam)。

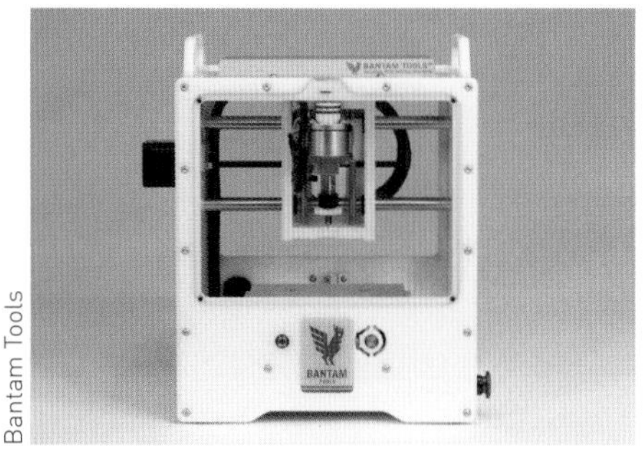
Bantam Tools

丹妮兒・艾波史東

布瑞・佩帝斯

THE *Fine* PRINT
最佳列印

我們的年度交鋒只是進行詳盡數位製造機具評比的開端

文：麥特・史特爾茲　譯：屠建明

歡迎來到我們的2018年數位製造指南。這是我們第六年進行3D印表機評測和第三年進行數位製造工具評測。在這短短的時間內，我們看到這個產業的突飛猛進，從木製框架套件普及的時期開始，一直到目前這波採用專用金屬機殼和射出成型零件的機器。不只是機器，一般的3D印表機使用者也在改變，開始期待更高的品質和更可靠的工具，因為他們更在意的是列印結果，而非印表機本身。

測試與評分

我們的團隊每年在評測大會週末聚首，用不斷精進的測試程序來考驗這些機器，看哪臺能脫穎而出。這是第二年將評測大會辦在我的駭客空間主場：位於羅德島州波塔基特的海洋之州Maker磨坊。團隊包含來自其他Makerspace、具備3D列印、CNC銑削、雷射切割和其他豐富數位製造程序經驗的成員。

針對熱熔融沉積式機種，初次測試只是開端；接著還有盲測評分、討論，並深入探究這些機器的細節來挑選出佼佼者。

我們的數位製造指南是每年最熱銷的特輯之一，而我們也根據讀者意見回饋改良測試流程，並不斷尋找讀者可能會感興趣的新機型。希望讀者會喜歡今年的指南，並幫助你找到尋覓已久的最佳工具。

測試者群

菲利普・J・安吉列里（Philip J. Angileri）是資歷超過20年的工業設計師。他是NarrowBase有限公司的總裁和設計總監，也是海洋之州Maker磨坊的成員。

亞當・凱斯托（Adam Casto）是Linux系統管理員和Maker。他是賓夕法尼亞州匹茲堡HackPGH和3DPPGH的活躍成員。

麥特・道瑞（Matt Dauray）是機械工程師和材料鑑賞家。除了做表面木工和皮革工，他有閒暇時間就會泡在海洋之州Maker磨坊。

凱利・伊根（Kelly Egan）是位於羅德島州普洛威頓斯的藝術家、教師和創意程式設計師，也是巴爾的摩節點（Baltimore Node）駭客空間和海洋之州Maker磨坊的創始成員。

查德・艾利希（Chad Elish）是Maker運動的推手之一。他是HackPGH總裁、全美Maker Faire的製作人和Maker國度（Nation of Makers）的創辦人。

達瑞斯・麥考伊（Darius McCoy）是數位港基金會的3D列印經理。他在這裡創立了「3D Assistance」公司和由青年經營的3D列印服務Print Shop。

賽門・諾里奇（Simon Norridge）從1970年代初期打造自己的第一臺電腦開始就成為Maker。他目前在海洋之州Maker磨坊專攻CNC和3D列印。

萊恩・皮歐列（Ryan Priore）是分析化學家、光電產業的實業家，同時也是3DPPGH的首席列印平臺校正師和HackPGH的活躍成員。

強納森・普拉茲（Jonathan Prozzi）是數位港基金會的教育總監，他在這裡為青少年和教育工作者開發科技資源和內容。

珍・舒赫特（Jen Schachter）是RWD基金會的研究員，專攻Maker文化、空間和教育。她時常與tested.com合作，並且是Open Works Baltimore的駐點藝術家。

曼蒂・L・史特爾茲（Mandy L. Stultz）在網路行銷界工作，並協助經營海洋之州Maker磨坊。她是鞋子和古董兩輪車輛的收藏家，也是四腳動物的飼養者。

麥特・史特爾茲（Matt Stultz）是《MAKE》雜誌數位製造編輯，負責召集本評測團隊，同時也是3DPPVD、海洋之州Maker磨坊、HackPGH的創辦人。

克里斯・耶埃（Chris Yohe）是3DPPGH的共同創辦人、HackPGH的成員、軟體開發工程師、硬體駭客和英式橄欖球選手。他手下有數量未公開的製造小小兵。

Hep Svadja, Jukka Seppänen

測試模型說明 TEST PRINTS: Explained

插圖：羅勃・南斯　譯：屠建明

熔絲製造（FFF）試印讓我們能量化印表機的列印效果。以下是評測項目及評分標準。

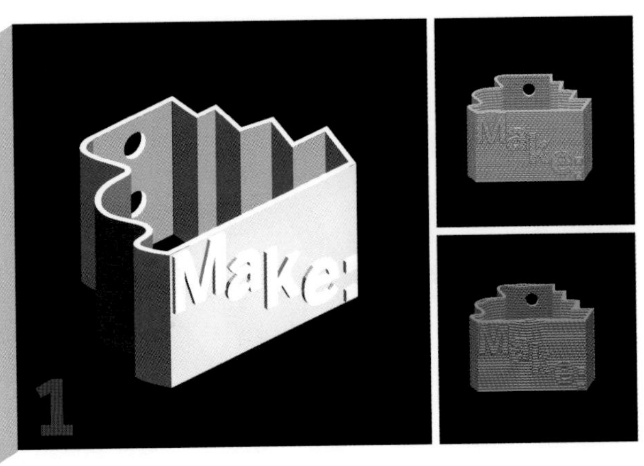

垂直表面細緻度測試

這項測試中，我們看的是列印件表面上有無波紋。波紋會出現在字母或背面的孔上。情形愈嚴重，分數愈低。

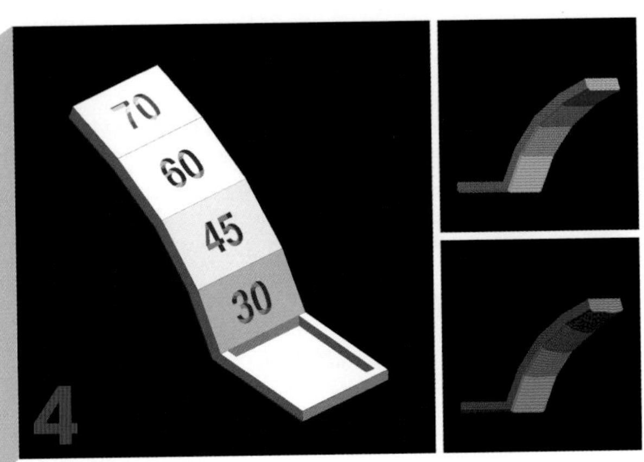

懸空測試

懸空測試從30°開始，延伸到70°。我們看的是列印件背面的平整度。下垂和捲曲會扣分，尤其在較低的度數上。

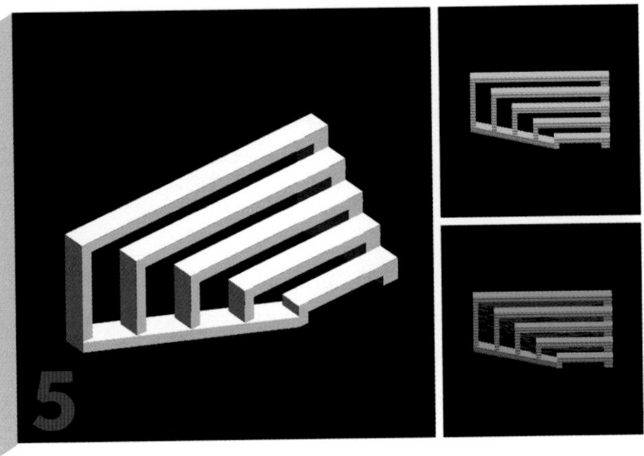

橋接測試

橋接是印表機跨越兩個點中間空隙的能力。這項測試中空隙的寬度遞增。好的零件上所有空隙都要有平整的橋接。下垂和填充不足會扣分。

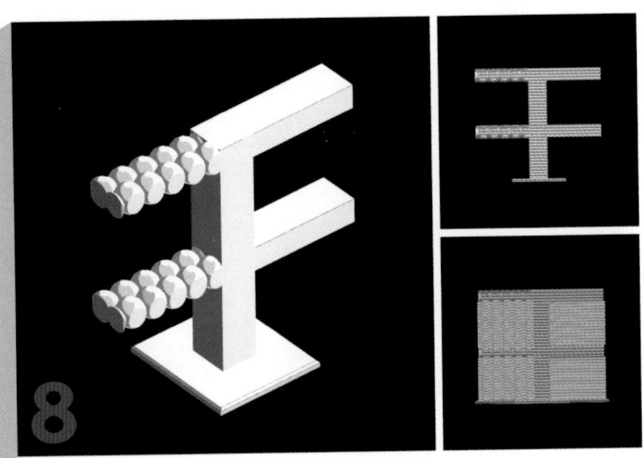

支撐材料測試

這是今年更新的評測項目，用樹狀結構測試支撐材料在列印件上成型的品質。共測試平滑和紋路組成的四種列印區域，根據取下列印件的平整程度評分。

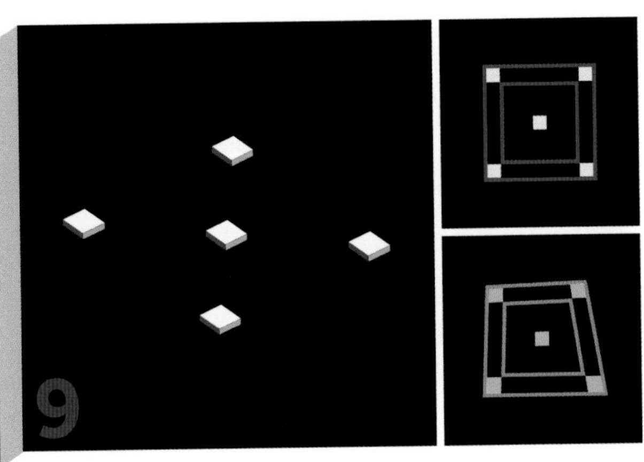

方正度測試

這是2018年新增的兩個測試項目之一。在平臺上列印五個方形，各以量角器測量與90°的差距。差距愈大，分數愈低。

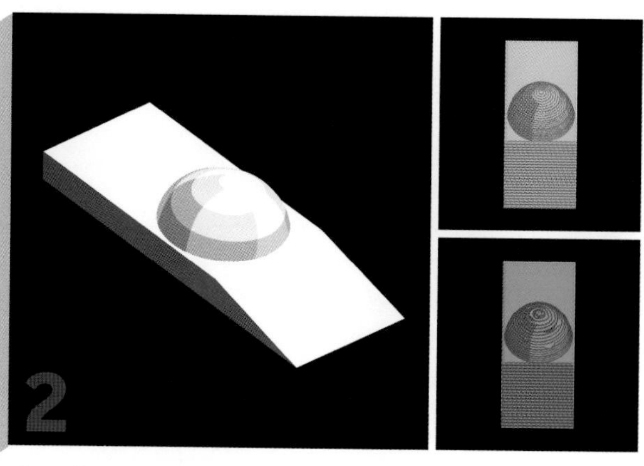

水平表面細緻度測試

這項測試分三區：斜坡、平面和圓頂。我們要看的是這些區域成型的平整度。任何孔洞、突點或突線都會扣分。

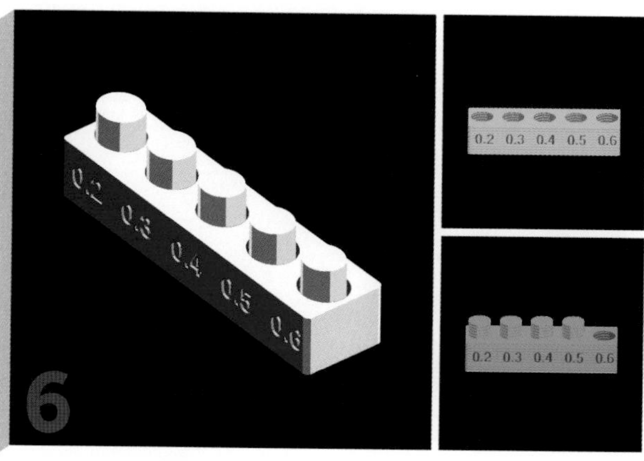

負空間公差測試

負空間公差對螺栓孔和一次成型設計的列印很重要。測試中每個孔尺寸差0.1mm。能推出愈多根栓，分數愈高。

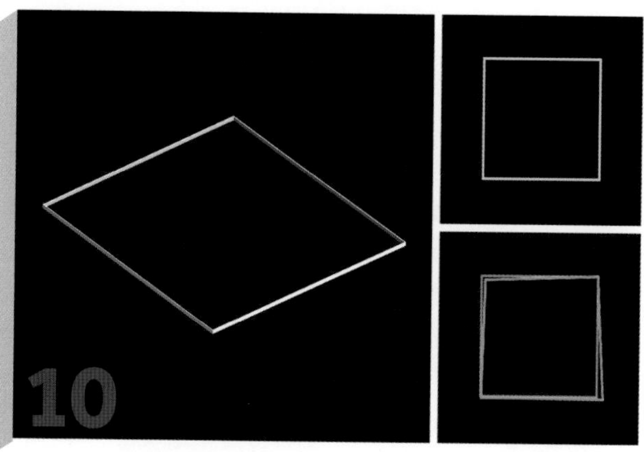

全床尺寸精確度測試

這是我們另一個今年新增的測試項目，因為我們聽取了讀者意見，得知他們想確保印表機能列印到邊緣，並且在大型列印時也能維持精確度。試印成品測量結果愈不精確，分數愈低。

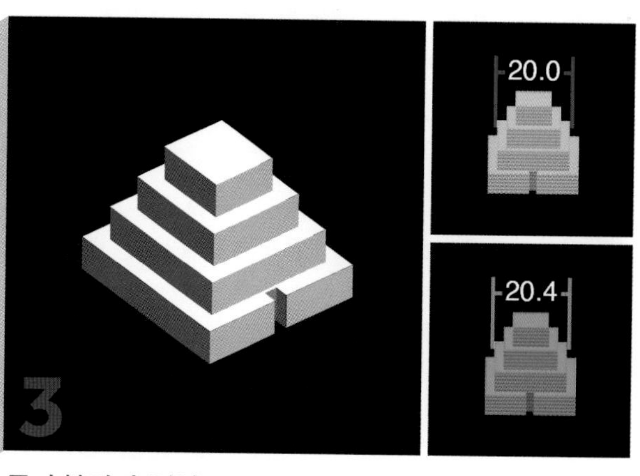

尺寸精確度測試

這項測試讓我們測量印表機列印的尺寸精確度。第二階在兩邊的寬度應為20mm。平均每差0.1mm就扣一分。

回抽測試

回抽不良可造成抽絲、阻塞或無法擠出細部設計。這些尖錐用來測試機器的回抽表現。出現任何前述問題都會扣分。

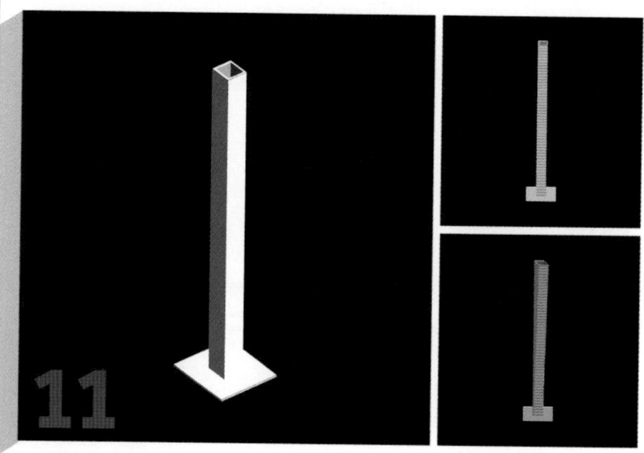

Z軸共振測試

這項塔型測試用來檢查Z軸是否有任何晃動，在各面上不斷產生突線。這是我們唯一一項及格／不及格的測試，以0（不及格）和2（及格）來給分。

RAISE3D N2

文：菲利普．J．安吉列里　譯：屠建明

厲害的功能加上軟硬體整合讓它遙遙領先

如果這幾年有在注意的話，就會發現3,000美元這個價位的機型愈來愈冷清。但對N2而言仍然是一分錢一分貨。顯示器搭配簡潔的專屬軟體、雙噴頭和巨大的成型尺寸，讓它在競爭中脫穎而出。

迷人的封閉設計

有辦公室需要的安靜，也有會議室需要的帥氣。封閉式外殼可以抵擋多塵的環境，也減少空調或開窗會引起的變數。它的觸控螢幕介面是本屆評比活動中我覺得最棒的：螢幕很大，選單又容易瀏覽。N2不適合喜歡開源選項或自訂改造的人，但讓使用者省下一些微調的時間，多用心在設計上。

列印平臺還有進步空間：校平非常辛苦。它的公司網站說出廠已經預先校正，但我們這臺沒有。成型區很大，但要注意固定平臺用的長尾夾。我常覺得應該有更好的方法來固定，尤其在這個價位。

如有神助

軟硬體整合不容小覷。N2採用專屬軟體，但這就是它一開箱就表現出色的原因之一。用起來就是順暢，沒有連線問題，也沒有軟體問題。只要把列印平臺校平，注意放置長尾夾的位置，這樣就行了。

遙遙領先

評比活動一週後，我還是對螢幕和ideaMaker切層軟體把它和其他機種拉開這麼大的距離感到驚嘆。自訂切層軟體似乎已經蔚為潮流，而Raise3D在這方面耕耘已久，是個可靠的選擇。如果你在考慮購買N2，可以多花點錢買N2 Plus來取得多一英尺的成型高度。因為你值得。

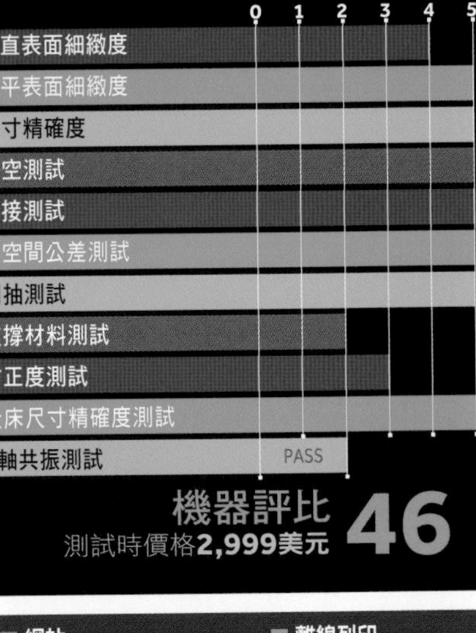

- **網站**
  raise3d.com
- **製造商**
  Raise3D
- **工作尺寸**
  305×305×305mm（單噴頭及雙噴頭）
- **列印平臺類型**
  有BuildTak表面的玻璃熱床
- **線材尺寸**
  1.75mm
- **開放線材**
  是
- **溫度控制**
  有，工具噴頭（最高300˚C）；熱床（最高110˚C）
- **離線列印**
  有，Wi-Fi、LAN、USB及SD卡，具有繼續列印的斷電防護。
- **機上控制**
  有，7"觸控螢幕
- **控制介面／切層軟體**
  ideaMaker自訂切層軟體
- **作業系統**
  Mac, Windows, Linux
- **韌體**
  供應商提供
- **開放軟體** 否
- **開放硬體**
  否

專家建議

即使做了很多微調，我們的測試平臺還是沒辦法真的很平。多數的試印都需要先列印出底板（Raft）。

老大，長尾夾不是硬體，別再自欺欺人把它用在量產機型上了。

購買理由

這臺機器是為客廳或祕密基地打造的，很安靜、完全以壓克力包覆，而且高度幾乎可以當成邊桌來用。當桌子的時候記得用杯墊。

試印結果

Hep Svadja

i3 MK2S

文：查德・艾利希　譯：屠建明

技術升級讓去年的冠軍更進一步

在去年，Prusa i3 MK2奪得冠軍機種頭銜。今年我們讓升級後的MK2S接受考驗，它也並列冠軍。

硬體升級

這臺機器的特點之一是列印平臺和它的校平功能。每次列印前，MK2S會以PINDA探針對列印平臺進行快速9點測量，並即時調整列印件來補償任何不平或不方正的測量。即時Z軸調整是我們在校正程序中最喜歡的功能，只要按一下和轉一下控制滾輪就能輕鬆變更Z軸高度，而且機器還會記憶設定。

最重大的改進之一是移除固定列印平臺的束線帶，改由U形螺栓固定軸承，如此提升了機器的整體剛性，更確保每次要列印時機器都準備就緒。如果手上已經有Prusa i3 plus或MK2，Prusa Research還以合理價格提供升級選項。

軟體升級

新的PrusaControl切層及機器控制軟體是專為隨按即印設計。沒有雙噴頭的使用者一定會喜歡內建的線材色彩變換功能：只要用滑桿設定要在哪一層換顏色，然後按一下滑鼠，列印程序中就會插入暫停，讓我們輕鬆手動更換線材。想要更深入研究嗎？MK2S和前幾代機種一樣給我們開源的自由。

效能實證

搭載的原廠E3D V6全金屬熱端可以列印幾乎任何線材，溫度最高可達300°C。E3D V6被認為是市面上最佳的熱端，而搭載它的Prusa MK2系列印表機也因此成為佼佼者。隨著MK3的上市，MK2S降價100美元，套件599美元起。

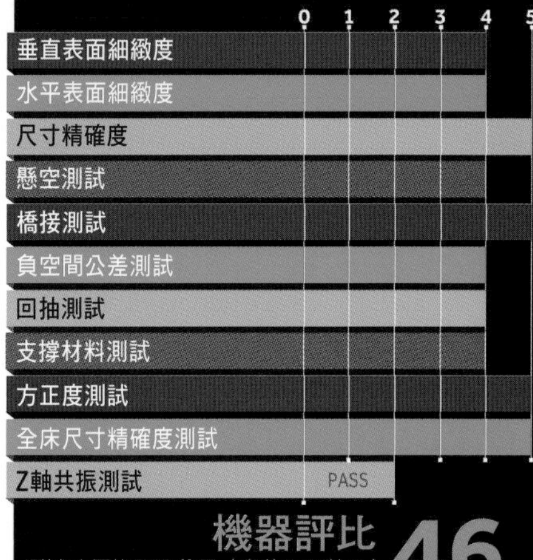

機器評比 **46**

測試時價格**899美元**（套件599美元）

- **網站**
  prusa3d.com
- **製造商**
  Prusa Research
- **工作尺寸**
  250×210×200mm
- **列印平臺類型**
  有PEI列印表面的熱床
- **線材尺寸**
  1.75mm
- **開放線材**
  是
- **溫度控制**
  有，工具噴頭（最高300°C）；熱床（最高120°C）
- **離線列印**
  有，SD卡
- **機上控制**
  有，可按壓轉輪及LCD
- **控制介面／切層軟體**
  PrusaControl及自訂Prusa Slic3r
- **作業系統**
  MAC、WINDOWS、LINUX
- **韌體**
  Marlin
- **開放軟體**
  是，GNU GPLv3
- **開放硬體**
  是，GNU GPLv3

專家建議

如果有列印件無法黏著在列印平臺的問題，先用酒精擦拭，接著執行Z軸校正，並使用即時Z軸調整。

購買理由

i3 MK2是我們去年得分最高的機種，而MK2S的升級讓最好的變得更好。MK3上市時的降價讓它更划算。

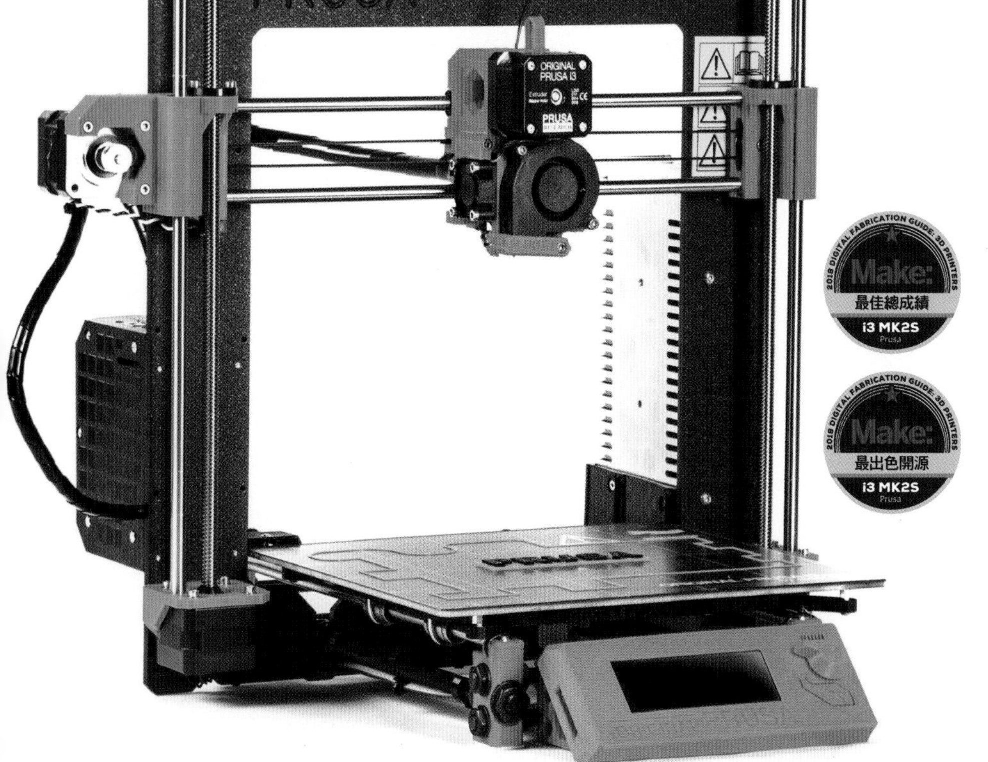

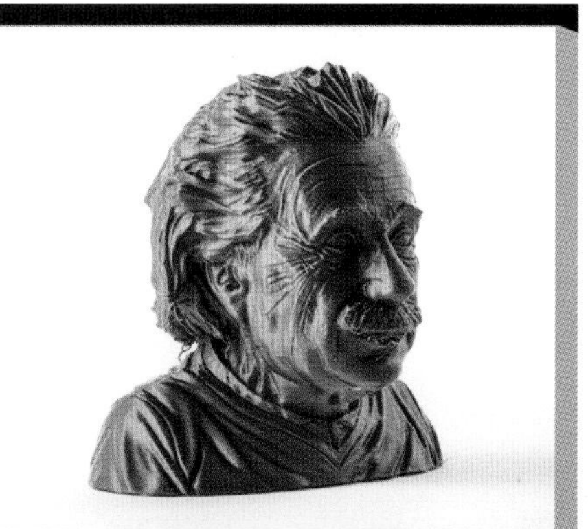

試印結果

Hep Svadja

i3 MK2/S MULTI MATERIAL 文：萊恩・皮歐列 譯：屠建明

用這款簡單、平價的套件做為4色列印的起步

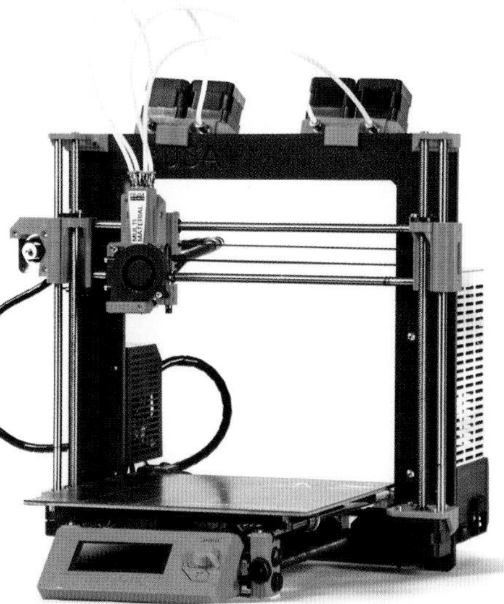

Prusa的i3 MK2/S多材質升級在不影響單色列印品質和工作流程的條件下達成4色列印。

轉換順暢

切層時不需要綁定特定的噴頭，如此一來，只需要在軟體裡選取適當的噴頭編號就能更換顏色。要有心理準備的是複合材質列印是個花時間的過程，尤其對3D列印而言。

我還想挑兩個小毛病：卸除程序和取消列印時預設排出而浪費的線材。

價值高、用途廣

MK2S複合材質印表機在各項測試中大放異彩，更以多色列印能力讓我們驚艷。僅要價299美元的複合材質升級不買可惜。

購買理由

多材質升級是讓這款已經很強大的機器跨足4色3D列印最經濟的方法。

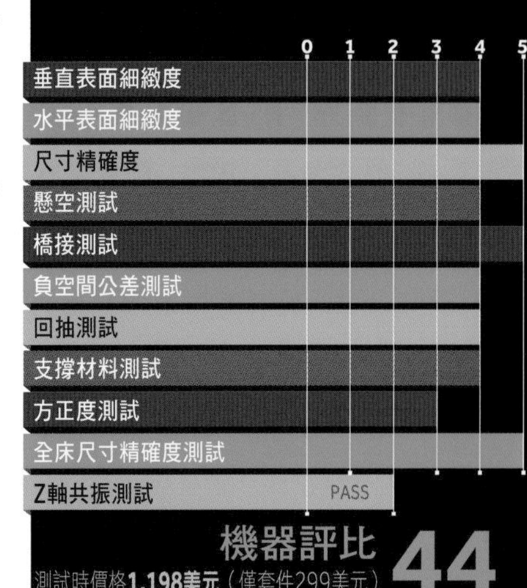

- **網站** prusa3D.com
- **製造商** Prusa Research
- **工作尺寸** 250×210×200mm（四噴頭）
- **列印平臺類型** 有PEI列印表面的熱床
- **線材尺寸** 1.75mm
- **開放線材** 是
- **溫度控制** 有，工具噴頭（最高300˚C）；熱床（最高120˚C）
- **離線列印** 有，SD卡
- **機上控制** 有，可按壓轉輪及LCD
- **控制介面／切層軟體** PrusaControl及自訂Prusa Slic3r
- **作業系統** Mac、Windows、Linux
- **韌體** Marlin
- **開放軟體** 是，GNU GPLv3
- **開放硬體** 是，GNU GPLv3

i3 MK3 文：麥特・史特爾茲 譯：屠建明

Prusa的最新機型有望超越它的姊妹機

Prusa團隊大可滿足於去年的冠軍地位——但他們仍然努力向前邁進。

滿滿的優點

MK3終於將螺紋桿用30mm鋁擠型取代，並強化纜線固定座來降低耗損。升級後的RAMBo Einsy控制器搭載新的步進馬達Trinamic TMC2130，讓它能偵測靜止的馬達和遺漏的步數，因此不再需要擋板。噴頭監控讓它在有阻塞或間隙時暫停，另外列印平臺也改為結合PEI的磁力固定彈簧鋼板。

追求卓越

MK3的試印品非常出色，卻略遜於其姊妹機。然而，我們使用的未調整原型機是測試時世上僅有的兩臺，所以未來測試最終版本時，分數很可能會提升。

購買理由

從MK3的規格表可以看出，Prusa團隊不只想滿足顧客，也為了自己打造最棒的機器，而且將會繼續進步。

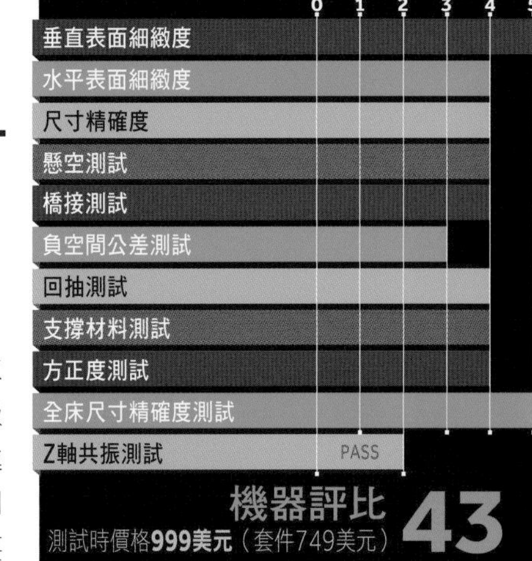

- **網站** prusa3d.com
- **製造商** Prusa Research
- **工作尺寸** 250×210×200mm
- **列印平臺類型** 有PEI列印表面的可卸除熱床
- **線材尺寸** 1.75mm
- **開放線材** 是
- **溫度控制** 有，工具噴頭（最高300˚C）；熱床（最高120˚C）
- **離線列印** 有，SD卡及Wi-Fi，透過自訂整合OctoPrint
- **機上控制** 有，可按壓轉輪及LCD
- **控制介面／切層軟體** PrusaControl及自訂Prusa Slic3r
- **作業系統** Mac、Windows、Linux
- **韌體** Marlin
- **開放軟體** 是，GNU GPLv3
- **開放硬體** 是，GNU GPLv3

Hep Svadja

PRINTRBOT SIMPLE PRO

這款受信賴的熱門機種嘗試提供更順暢的工作流程

文：克里斯・耶埃　譯：屠建明

Brook Drumm與其團隊這次推出的Printrbot Simple Pro是他們自認系列產品中最容易使用的機型。雖然我們使用的體驗並不完全順暢，但它仍然保有Printrbot的一貫品質，還在原有標準外加上全新的隨行列印功能。

更新更好

Simple Pro結合了彩色觸控螢幕和最新的Printrboard G2，這是執行G2 Core（繼承TinyG的ARM埠）32位元控制器。這些規格都和Printrbot最新的雲端軟體搭配，達成最理想的列印體驗之一：真正轉、按、印的流程，讓我們調整最少的設定，把STL檔傳給機器就開始列印。這代表免去了獨立切層軟體的麻煩。

美中不足

在評比大會的整個周末，我們團隊在Printrbot雲端軟體的運作上有些問題，所以用了Cura，透過USB連接來產生試印品。測試團隊評估試印品的品質發現這臺機器有很好的成果。將Wi-Fi和雲端準備就緒後，我有遇到一些小差錯，例如機器在預熱時當機，LCD也有按鈕不見。這些問題以重開機這個老方法通常就能解決。雖然如此，整體的使用體驗很好，而且能直接載入設計、隨處連線，並且一到家就列印的能力給我很新鮮的感覺，更讓我的下載資料夾少了雜亂。

潛力在握

如果能把幾個小毛病早點解決就更好了，尤其是時常需要重新啟動這方面。雖然有這些惱人的缺點，這臺機器能吸引的是不想被設定和切層軟體拖累的使用者，而當它的軟體趕上硬體的潛力，更順暢的使用體驗就指日可待。

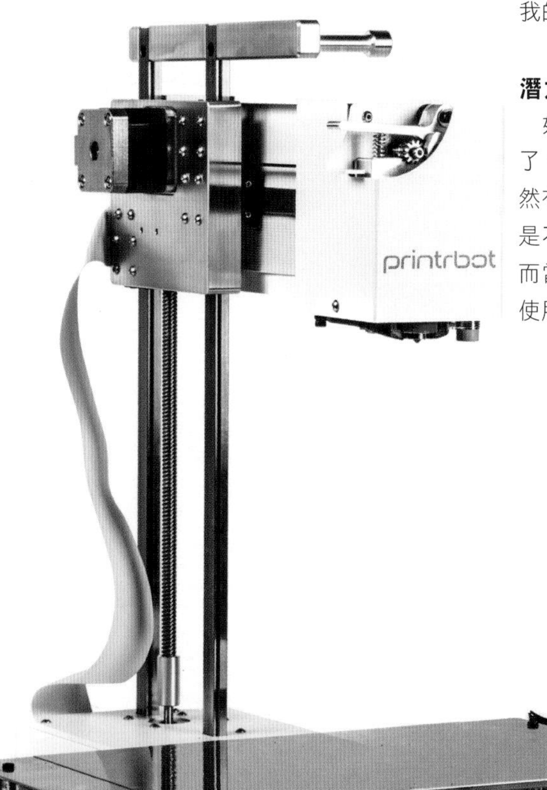

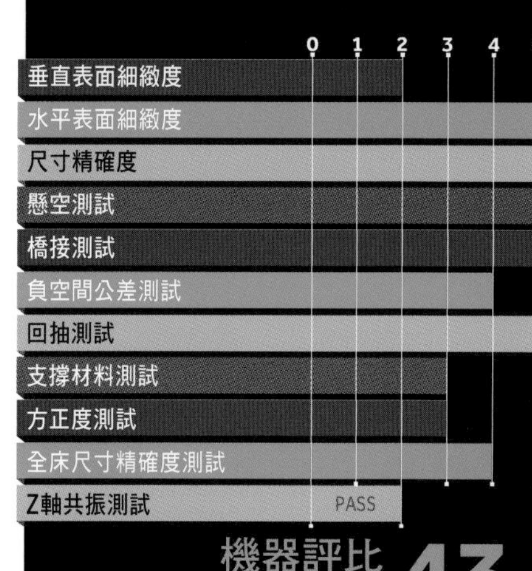

- **網站**
  printrbot.com
- **製造商**
  Printrbot
- **工作尺寸**
  200×150×200mm
- **列印平臺類型**
  可卸除板面的熱床
- **線材尺寸**
  1.75mm
- **開放線材**
  是
- **溫度控制**
  有，工具噴頭（最高270°C）；熱床（最高100°C）
- **離線列印**
  有，Wi-Fi透過Printrbot.cloud
- **機上控制**
  有，全彩LCD觸控螢幕
- **控制介面／切層軟體**
  Printrbot.cloud、Cura
- **作業系統**
  Mac、Windows、Linux
- **韌體**
  自訂G2 Core
- **開放軟體**
  是，Cura為AGPLv3。Printrbot已透過MIT授權開放其雲端和中樞
- **開放硬體**
  是，CC-BY-SA授權

專家建議

機器當機、雲端斷斷續續和LCD上按鈕不見的問題只要用重開機這個老方法就輕鬆解決。

購買理由

Y軸的堅硬線性軌道和磁性列印板是標準規格。Printrbot一貫的列印品質現在加上完整的無線列印解決方案及觸控螢幕，成為多合一的套裝產品。

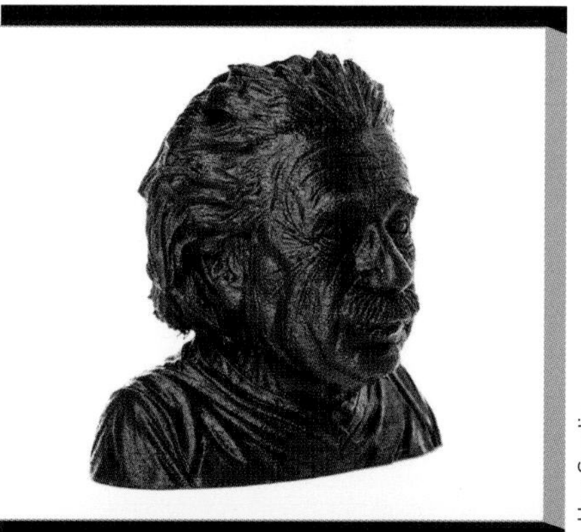
Hep Svadja

試印結果

FELIX 3.1 文：菲利普・J・安吉列里　譯：屠建明

堅固、精確，最適合學校和專業人士

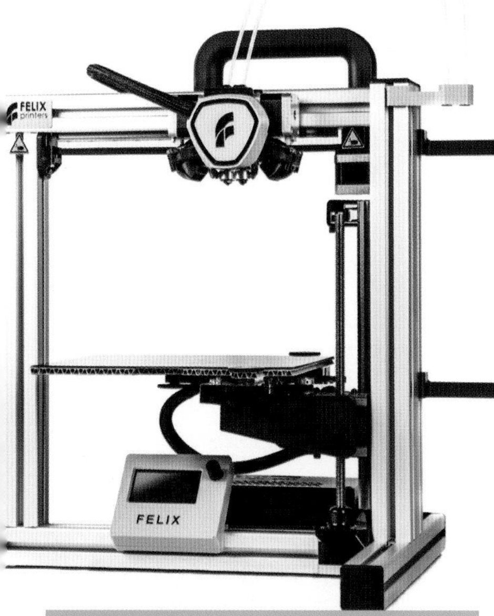

我見過市面上很多不到1,000美元的高效能印表機，但讓Felix 3.1這類2,000美元機種展現價值的地方是堅固的結構。

堅固結構

線性軌道增加了穩定性。讓它以更高速運作也不用遲疑。它的高溫直接驅動式噴頭也適合PLA和ABS以外的材質。

列印可靠

Felix 3.1列印成果很好，沒有阻塞或跳層，而雙噴頭選項則提供獨立支撐材質的彈性。另外，對開放式設計而言，它也很安靜。雖然價格可能會讓一些玩家卻步，Felix顯然透過堅固結構、升級空間、終身支援和輕鬆可攜性來吸引專業人士和學校。

購買理由

如果你的預算在兩千美元價位，Felix 3.1的堅固結構、穩定性和客服讓它值得考慮。

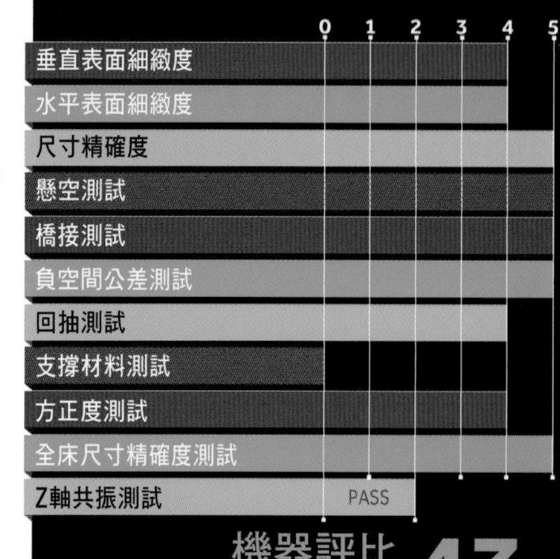

機器評比 43

測試時價格**2,150美元**

- **網站** felixprinters.com
- **製造商** Felix Printers
- **工作尺寸** 255×205×225mm（單噴頭）240×205×225mm（雙噴頭）
- **列印平臺類型** 有Kapton膠帶表面的熱床
- **線材尺寸** 1.75mm
- **開放線材** 是
- **溫度控制** 有，工具噴頭（最高275˚C）；熱床（最高95˚C）
- **離線列印** 有，USB、SD卡
- **機上控制** 有，單一控制滾輪（旋轉/按壓）
- **控制介面／切層軟體** Simplify 3D（建議；供應商提供自訂設定檔）、Felixbuilder（年費訂用）、Repetier-Host
- **作業系統** Mac、Windows、Linux
- **韌體** 供應商提供
- **開放軟體** 否
- **開放硬體** 否

HACKER H2 文：萊恩・皮歐列　譯：屠建明

給終極改造者的 Delta 印表機

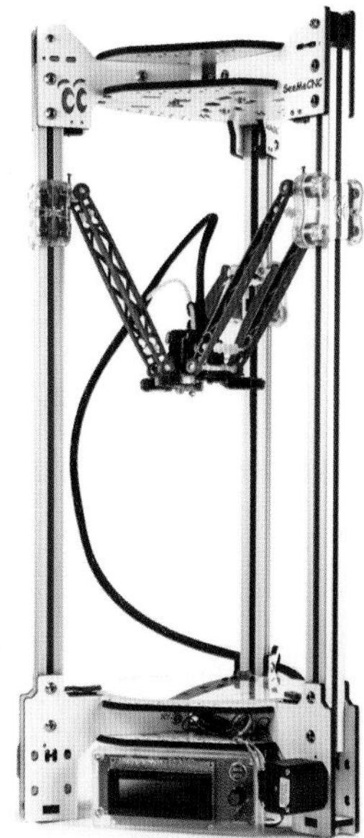

SeeMeCNC的Hacker H2套件不適合膽小的人，但一定能滿足喜歡動手客製化印表機的人。

展開臂膀

套件附有兩組不同長度的Delta手臂：Orion（178mm）和Rostock（290mm），讓我們更換手臂進行較高或較寬的列印。簡單的G碼巨集就能針對所用的手臂更新必要的EEPROM設定。

列印隨心所欲

H2輕鬆通過了我們的試印，但噴嘴冷卻不足導致懸空等設計上列印品質不佳。透過MatterControl使用Cura則有明顯提升的列印品質。雖然新手使用者可能要考慮其他選擇，但H2以合理價格為3D印表機改造玩家提供了夢幻機種。

購買理由

喜歡客製化印表機的人會喜歡可設定的成型尺寸、高品質元件、機上控制、列印平臺自動校平和合理的價格。

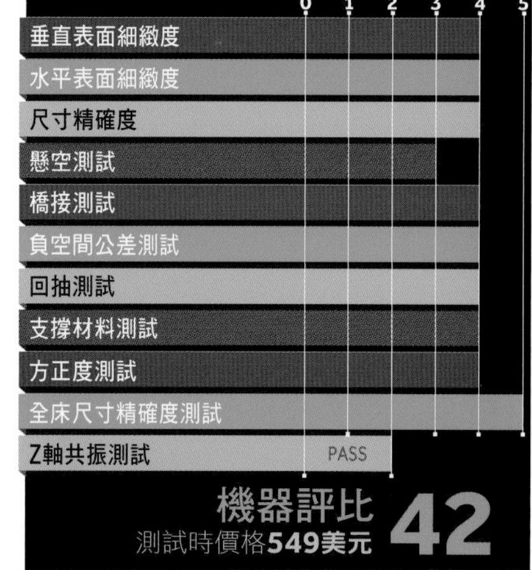

機器評比 42

測試時價格**549美元**

- **網站** seemecnc.com
- **製造商** SeeMeCNC
- **工作尺寸** 175mm（直徑）×200mm（高）或140mm（直徑）×295mm（高）
- **列印平臺類型** 無加熱玻璃
- **線材尺寸** 1.75mm
- **開放線材** 是
- **溫度控制** 有，工具噴頭（最高280˚C）
- **離線列印** 有，SD卡
- **機上控制** 有，控制滾輪及LCD
- **控制介面／切層軟體** MatterControl（供應商推薦）、Cura
- **作業系統** Mac、Windows、Linux
- **韌體** Repetier-Firmware
- **開放軟體** 是，MatterControl為BSD-2-Clause授權，Cura為AGPLv3授權
- **開放硬體** 是，GNU GPL 3.0

Hep Svadja

ULTIMAKER 3

文：強納森．普拉茲 譯：屠建明

Ultimaker 以新功能持續提升已經具有高品質的印表機

Ultimaker 3維持前幾代機型精確可靠的列印品質，同時新增雙噴頭、Wi-Fi/LAN和主動列印平臺校平等功能。因為Ultimaker耕耘多年，有豐富的資訊和支援可以利用。

新功能

雙噴頭是個備受期待的新功能。應用方法之一是使用AA噴嘴來擠出PLA進行主體成型，接著用BB噴嘴列印水溶性的PVA支撐。如此就不再需要鑿除PLA支撐材料了。可更換的核心噴頭也是一個值得注意的功能。噴嘴的更換讓初學者容易上手，更有LCD的引導。除了用多種材質列印，教育工作者可以準備一個備用核心噴頭在噴嘴阻塞時（所有品牌印表機最常見的問題之一）替換。另外可以購買0.8mm噴嘴來縮短列印時間，因為Ultimaker的預設設定優先考量品質而非速度。

Ultimaker 3現在（透過NFC）自動偵測Ultimaker線材，在機器上和Cura中設定材質和色彩。Ultimaker 3能透過USB或Wi-Fi離線列印；Wi-Fi配置和機器的其他方面一樣順暢，而使用者可以在Cura傳送列印檔案並以新的內建攝影機監控，不需要離開一般的無線網路。

一點疑惑

雖然Ultimaker列出的規格說最大成型尺寸是單噴頭215×215×200mm和雙噴頭197×215×200mm，Cura的預設所允許的「實際」最大成型尺寸是194×182mm（單）和176×182mm（雙），因為扣掉列印平臺固定夾的閃避區域。

貨真價實

Ultimaker 3是一臺強大、可靠、高品質又多功能，而且廣受歡迎的機器。雖然價位偏高，但買到的是值得信賴的產品。我願意推薦給所有口袋夠深的人。

機器評比 **42**

測試時價格**3,495美元**

- **網站** ultimaker.com
- **製造商** Ultimaker
- **工作尺寸** 194×182×200mm（單噴頭） 176×182×200mm（雙噴頭）
- **列印平臺類型** 玻璃熱床
- **線材尺寸** 2.85mm
- **開放線材** 是
- **溫度控制** 有，工具噴頭（最高280°C）；熱床（最高100°C）
- **離線列印** 有，Wi-Fi、USB
- **機上控制** 有，LCD螢幕及類比滾輪供選取
- **控制介面／切層軟體** Ultimaker版Cura
- **作業系統** Mac、Windows、Linux
- **韌體** 機上更新取得
- **開放軟體** 是，Cura為AGPLv3授權
- **開放硬體** 是，CC-BY-NC授權

專家建議

善用更換核心噴頭的簡單快速。藉此能更換噴嘴來解決阻塞、用多種材質列印，和使用大口徑熱端來提升速度。

購買理由

Ultimaker 3維持了過去機型的高品質，同時以雙噴頭、Wi-Fi和可更換的核心噴頭來擴充功能。它也透過最佳化的Cura設定檔和機器設定來支援多種材質。

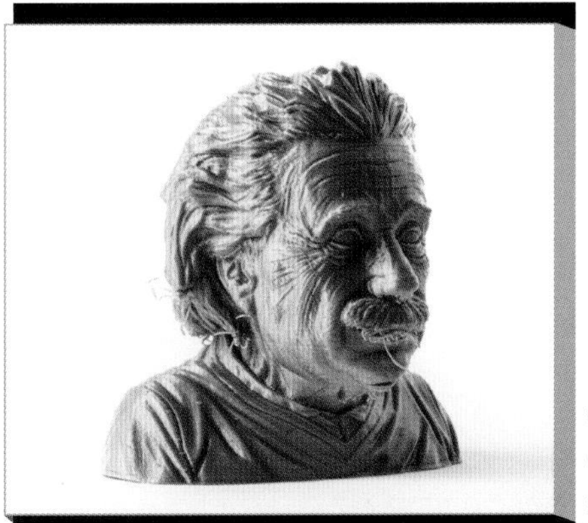

Hep Svadja

試印結果

FELIX PRO 2 文：凱利・伊根 譯：屠建明

平易近人的雙噴頭印表機

雖然Felix Pro 2價位偏高，它提供很多功能讓列印過程更快、更精確，也更愉悅。

小心間隙

容易使用的四點自動校平系統會確保新的列印平臺完成校正準備上陣。試印品表現整體不錯，但出現暫時性噴頭阻塞導致小間隙的問題。流量偵測系統偶爾會發出阻塞的警告，但阻塞時間都沒有長到讓機器自動暫停列印。也搭載第二個噴頭來進行雙噴頭列印，未使用時會收在旁邊不擋路。

輕鬆使用

Felix Pro整體而言是相當完善的機器，還具備新功能讓列印過程更順暢，尤其對初學者而言。

購買理由

很棒的新功能讓列印過程很順暢，尤其對於初學者和只想要把東西印好的使用者而言。

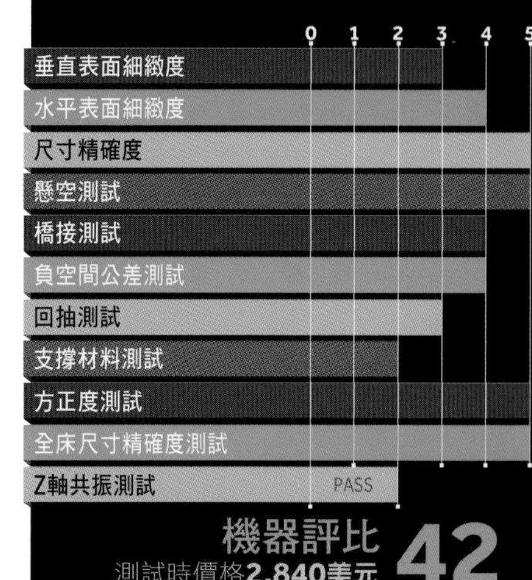

- **網站** felixprinters.com
- **製造商** Felix Printers
- **工作尺寸** 237×244×235mm（單、雙噴頭）
- **列印平臺類型** 有Kapton膠帶表面的可卸除熱床
- **線材尺寸** 1.75mm
- **開放線材** 是
- **溫度控制** 有，工具噴頭（最高275°C）；熱床（最高100°C）
- **離線列印** 有，SD卡
- **機上控制** 有，LCD螢幕
- **控制介面／切層軟體** 建議使用Simplify3D，亦可使用Felixbuilder或Repetier-Host
- **作業系統** Mac、Windows、Linux
- **韌體** Repetier-Firmware
- **開放軟體** 否
- **開放硬體** 否

CRAFTBOT XL 文：達瑞斯・麥考伊 譯：屠建明

可靠、容易使用的印表機

CraftBot XL是個很好的隨插即用解決方案。列印品質很棒，速度也相當快。

材質選項

CraftBot XL具備最高解析度100微米的0.04噴嘴。透過該公司的CraftWare切層軟體，讓檔案切層的工作輕鬆又單純。CraftBot XL能處理ABS和PLA等常見材質，以及HIPS、尼龍和PETG等進階材質。如果有自動校平功能和增加列印板尺寸這些改良的話肯定更好。

操作沒煩惱

CraftBot XL在1,899美元的價位對部分使用者而言或許有些高不可攀，但對於想順利列印而不用擔心故障的人而言，這是個不錯的選擇。

購買理由

這是一臺功能強大的大型機器，可以生產高質量的列印件，無後顧之憂。

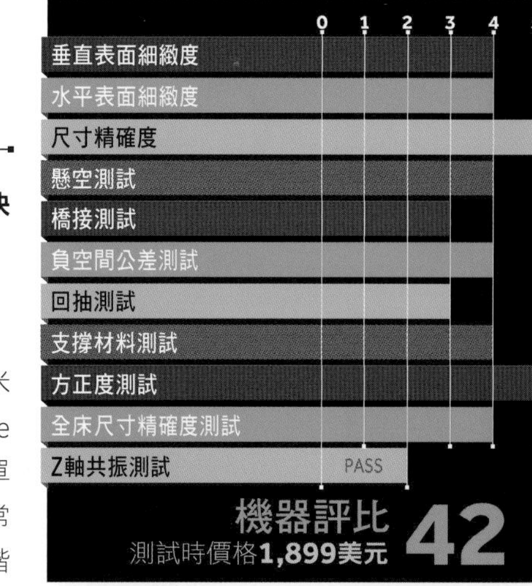

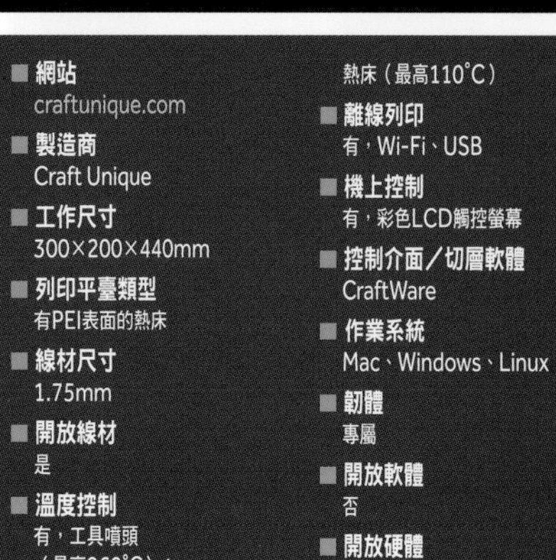

- **網站** craftunique.com
- **製造商** Craft Unique
- **工作尺寸** 300×200×440mm
- **列印平臺類型** 有PEI表面的熱床
- **線材尺寸** 1.75mm
- **開放線材** 是
- **溫度控制** 有，工具噴頭（最高260°C）；熱床（最高110°C）
- **離線列印** 有，Wi-Fi、USB
- **機上控制** 有，彩色LCD觸控螢幕
- **控制介面／切層軟體** CraftWare
- **作業系統** Mac、Windows、Linux
- **韌體** 專屬
- **開放軟體** 否
- **開放硬體** 否

Hep Svadja

MAKERGEAR M3

可靠耐用的機器，使命必達

文：克里斯・耶埃 譯：謝明珊

Makergear最新旗艦產品為Makergear M3，鋼框加上CNC切削加工的鋁製零件，結合線性滑軌打造鎖定活動系統，堅固又可靠。新功能包括熱端升級和獨立雙擠出頭，甚至針對不容錯過的OctoPrint控制軟體提供客製化安裝。

堅固耐用，值得信賴

全新熱端運轉順利，最高可達300℃，不用修改就可以列印各種線材。初次使用者憑藉設定說明書，按部就班透過內建網路介面，第一次校平熱床就上手。這款熱床屬於玻璃和PEI塗層表面，方便取下和替換。M3以探針完美控制蒸氣，跨夜列印也是一大賣點。我們強烈建議在取出物件前，先取下玻璃熱床會更快冷卻，否則這款熱床穩固物件的效果太好了。

OctoPrint主機軟體

這款印表機的優勢正是客製化安裝的OctoPrint。M3別開生面的簡易安裝體驗，適合檔案的傳輸和切層。高階使用者可以自行修改設定，但其實預設設定就表現相當出色。雖有無線設定平臺，但MakerGear M3的Raspberry Pi列印體驗，是我們體驗過最順暢的，而且是最早推出的內建款式，值得推薦。從行動裝置操作更是恰如其分。

未來希望MakerGear更新網路介面，運轉會更加順暢，再來是針對Wi-Fi設定增添失靈防護，進一步提高印表機品質，此外是調整預設的最低層數設定，列印表面會更加細緻。

令人驚艷的機型

無論是要大量生產工程原型，或是製作細緻飛龍模型，MakerGear M3都會帶給你無懈可擊的體驗，放心把專題交給它吧。

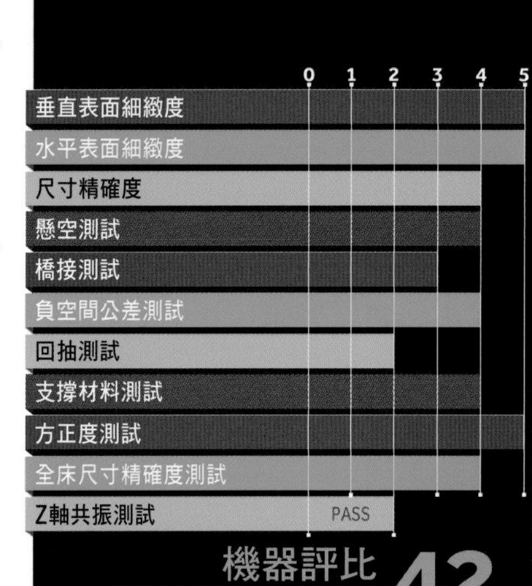

- **網站** makergear.com
- **製造商** MakerGear
- **工作尺寸** 203×254×203mm
- **列印平臺類型** 可拆卸玻璃表面PEI塗層熱床
- **線材尺寸** 1.75mm
- **開放線材** 是
- **溫度控制** 有，噴頭（最高300℃）；熱床（最高130℃）
- **離線列印** 有，廠商內建OctoPrint、Wi-Fi、LAN和USB
- **機上控制** 無
- **控制介面／切層軟體** OctoPrint主機軟體
- **作業系統** Mac、Windows、Linux
- **韌體** 修改版Marlin
- **開放軟體** 是，GNU GPL v3.0
- **開放硬體** 是，GNU GPL v3.0

專家建議

當你需要復原最後一次的修改，按下「重置鍵」超過60秒就會回復。

熱床加熱超快！準備額外一塊板子就能讓你一個接一個地印不停。

購買理由

MakerGear推出可靠、耐用而完美的印表機，可大量生產優質的物件，搭配五臟俱全的雲端服務，堪稱使命必達的印表機。

試印結果

DREMEL 3D45

文：麥特・道瑞　譯：謝明珊

對課堂來說綽綽有餘的物聯網印表機

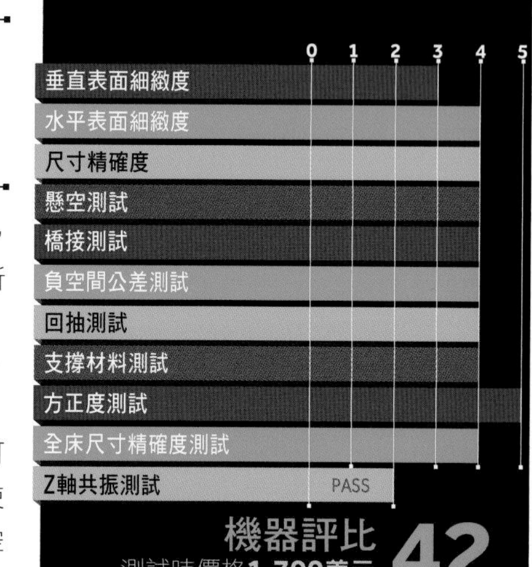

Dremel 3D45是3D40的全新改良版，列印空間和機器體積不變，但增添更多新特色和新功能。

新功能輩出

全新可拆卸的玻璃熱床和升級噴頭，可列印ABS和尼龍。全新雲端切層器開放使用者在任何地方，透過Dremel帳號遙控印表機。內建「修正」選項，可在導向列印設定之前，填補列印模型的錯誤。切層軟體表現出色，但還是要做一些調整。這是全新的平臺，我們相信絕對比3D40更優秀。

專為老師量身打造

Dremel 3D45標榜適合學習，從它的設計就看得出來。小巧密封的外觀，運轉安靜無聲，可重複生產優質的物件。

購買理由

感測器無所不在，例如開門感測、線材錯誤感測和氣候控制感測，這是3D45安全無虞和減少浪費的原因。

- **網站** 3dprinter.dremel.com
- **製造商** Dremel
- **工作尺寸** 255×155×170mm
- **列印平臺類型** 可拆卸玻璃表面熱床
- **線材尺寸** 1.75mm
- **開放線材** 是，但碎片狀線材為佳
- **溫度控制** 有，噴頭（最高280℃）；熱床（最高100℃））
- **離線列印** 有（Wi-Fi和SD卡）
- **機上控制** 有（全彩觸控式螢幕）
- **控制介面／切層軟體** Dremel IdeaBuilder
- **作業系統** Mac、Windows
- **韌體** 專屬
- **開放軟體** 否
- **開放硬體** 否

MONOPRICE SELECT MINI V2

強大的印表機，卻不會讓你傾家蕩產

文：亞當・凱斯托　譯：謝明珊

0 1 2 3 4 5

- 垂直表面細緻度
- 水平表面細緻度
- 尺寸精確度
- 懸空測試
- 橋接測試
- 負空間公差測試
- 回抽測試
- 支撐材料測試
- 方正度測試
- 全床尺寸精確度測試
- Z軸共振測試 PASS

機器評比 **41**

測試時價格220美元

當你看到價格只要220美元，大概會半信半疑，但Monoprice Select Mini V2麻雀雖小五臟俱全，不僅列印空間綽綽有餘，還具備強大的功能。

令人驚喜

鋼製機身出奇的堅固，熱床以粗化表面做為絕緣保護，另外搭載簡易3.7英寸顯示器，以及功能性旋鈕控制介面，可以透過microSD、USB和Wi-Fi列印，甚至有健全的線上社群。

有侷限，但無傷大雅

列印ABS可能有困難，畢竟熱床溫度最高只有60℃，專屬韌體和機上控制會造成問題，但其實有方法可以克服，所以無論要入手第一臺3D印表機，或是想購買第二臺備用機，千萬不要錯過Select Mini V2。

購買理由

不管你是初學者或資深玩家，正在物色小型多功能印表機，Select Mini V2性價比高，堪稱首選。

- **網站** monoprice.com
- **製造商** Monoprice
- **工作尺寸** 120×120×120mm
- **列印平臺類型** 熱床（以粗化表面絕緣）
- **線材尺寸** 1.75mm
- **開放線材** 是
- **溫度控制** 有，噴頭（最高250℃）；熱床（最高60℃）
- **離線列印** 有（Wi-Fi和microSD卡）
- **機上控制** 有（3.7英寸彩色IPS顯示器）
- **控制介面／切層軟體** Cura
- **作業系統** Mac、Windows、Linux
- **韌體** 專屬
- **開放軟體** 是，Cura AGPLv3
- **開放硬體** 否

Hep Svadja

TAZ 6

文：達瑞斯・麥考伊　譯：謝明珊

大方又可靠，開源夢幻逸品

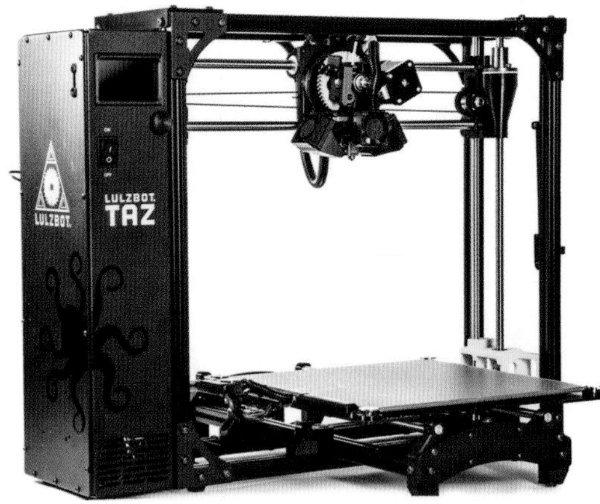

Taz 6幾乎滿足你對印表機的所有要求——大成型尺寸、自動校平、自動噴嘴清潔，以及無線列印

眾所期待：自動校平

LulzBot終於在旗艦機型Mini和Taz 6採用導電感測系統，於是自動列印校平功能總算到位，另外還增添LulzBot新噴頭套件Tool Head v2.1，目前只限於Taz6機型，包含新擠出頭和加大散熱片，據說可以延長熱端的使用壽命。

得心應手

整體而言，LulzBot打造出大方可靠的印表機，以頂級功能吸引眾人目光，所以不要被2,500美元售價嚇跑，如果有這筆預算，買了絕不會後悔。

購買理由

我們認為從結構設計和列印品質來看，這都是市面上數一數二的開源印表機。

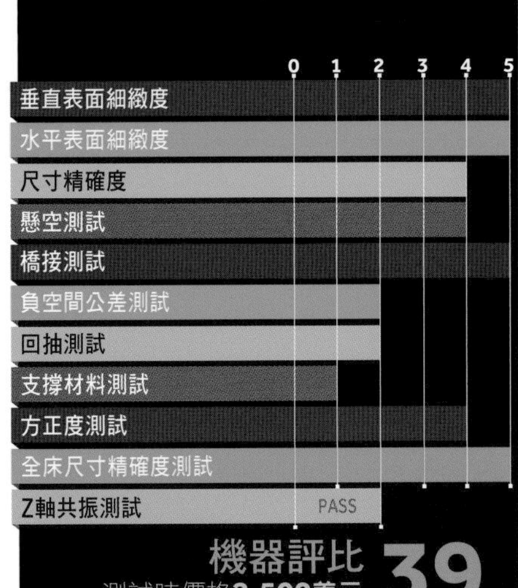

- **網站** lulzbot.com
- **製造商** LulzBot
- **工作尺寸** 280×280×250mm
- **列印平臺類型** PEI塗層表面熱床
- **線材尺寸** 2.85mm
- **開放線材** 是
- **溫度控制** 有，噴頭（最高300℃）；熱床（最高120℃）
- **離線列印** 有（SD卡）
- **機上控制** 有（控制旋鈕和LCD）
- **控制介面／切層軟體** Cura LulzBot Edition
- **作業系統** Mac、Windows
- **韌體** Marlin
- **開放軟體** 是，GPLv3
- **開放硬體** 是，GPLv3

ZORTRAX M300

文：強納森・普羅茲　譯：謝明珊

適合需要耐用印表機的專業工作室

Zortrax M300宣稱列印平臺大、列印物件準確，並支援各種材料。輔助調校不僅順暢又準確，況且鎖緊熱床底下的螺絲，就會提供反饋。

優點和缺點

一大賣點是多孔熱床，前幾層會列印得極度堅固，列印底座可輕鬆拆卸，但是列印時無法取消。我發現有些功能並不符合價格給人的期待，例如只有單一擠出頭，每次列印都要長時間產製，顯示螢幕又小，有時候還難以讀取。

準確而優質的列印品質

Z-Suite軟體適合速戰速決的人：只要安裝、上傳設計圖、設定材料和切層即可。M300可列印出低維修費用的大型優質物件。

購買理由

M300是可靠耐用的印表機，可準確列印物件，完全不用檢查或調整設定。

- **網站** zortrax.com
- **製造商** Zortrax
- **工作尺寸** 300×300×300mm
- **列印平臺類型** 多孔式表面熱床
- **線材尺寸** 1.75mm
- **開放線材** 是（2017年4月）
- **溫度控制** 僅限於第三方品牌線材，噴頭（最高380℃）；熱床（最高110℃）
- **離線列印** 有（SD卡）
- **機上控制** 有（LCD螢幕，以類比轉輪做選擇）
- **控制介面／切層軟體** Z-Suite
- **作業系統** Mac OS X、Windows 7以後的版本
- **韌體** Z-Firmware
- **開放軟體** 否
- **開放硬體** 否

Hep Svadja

LULZBOT MINI

文：亞當・凱斯托　譯：謝明珊

優質而簡潔，適用於任何情況

如果你需要堅固可靠的印表機，非LulzBot Mini莫屬。

極簡當道

LulzBot Mini的前側面板只有一個電源開關和USB連接埠，比起其他同價位印表機，少了許多華而不實的行頭。對一些人來說可能是限制，但大走極簡風，造就出如此美型的印表機。

注重細節

LulzBot產品線的品質可見一斑，有堅固的鋼框、精實的導螺桿，齒輪式擠出頭搭配全金屬熱端，幾乎可以應付各種線材。更討喜的是步進馬達的自潤聚合物套管和閘門。LulzBot版本的Cura控制軟體方便設定，直接套用預設即可完成優質物件。LulzBot Mini何處皆適用，新手或老手皆宜。

購買理由

這款堅固小巧的印表機，強大又方便使用，適合家庭、工作室、課堂或Makerspace使用。

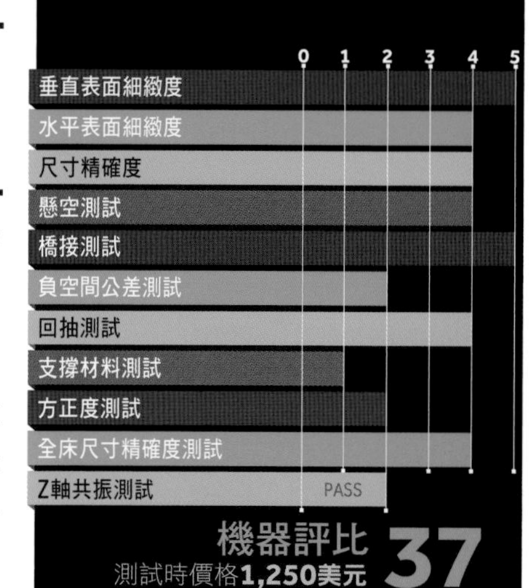

- **網站** lulzbot.com
- **製造商** LulzBot
- **工作尺寸** 152×152×158mm
- **列印平臺類型** 玻璃表面PEI塗層熱床
- **線材尺寸** 2.85mm
- **開放線材** 是
- **溫度控制** 有，噴頭（最高300℃）；熱床（最高120℃）
- **離線列印** 無
- **機上控制** 無
- **控制介面／切層軟體** Cura LulzBot Edition
- **作業系統** Mac、Windows、Linux
- **韌體** Marlin-based
- **開放軟體** 是，Cura屬於AGPLv3
- **開放硬體** 是，GPLv3和CC-BY-SA 4.0

PRINTRBOT SMALLS 限量版

測試時安靜無聲，埋頭苦印

文：萊恩・皮歐列　譯：謝明珊

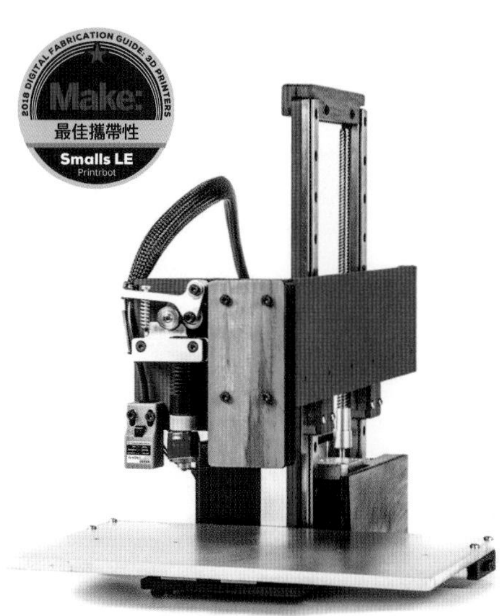

這款印表機看起來像PrintrBot Simple的弟弟，但標榜列印平臺更大，整體足跡更少，也多一點個性和神氣。

限量版VS.一般版

限量版的列印平臺大一點，比一般版多了線性滑軌，還有美麗的木頭邊飾，但比起一般版398美元和套件298美元，限量版要價500美元也比較貴，而且這個價格還沒有附熱床。

可靠的印表機

列印物件看起來很棒，自動修整功能成就「無懈可擊」的列印流程，Smalls可使用Cura檔案，但是必須手動編輯設定，以便發揮列印空間的最大效用。速度似乎也有點慢，但我寧願列印品質好，也不要貪快。

購買理由

PrintrBot鐵粉會很欣賞Smalls的美感、設計和簡潔，但限量版就是比一般版貴一點。

0 1 2 3 4 5
垂直表面細緻度
水平表面細緻度
尺寸精確度
懸空測試
橋接測試
負空間公差測試
回抽測試
支撐材料測試
方正度測試
全床尺寸精確度測試
Z軸共振測試
PASS

機器評比 37
測試時價格500美元

- **網站** printrbot.com
- **製造商** Printrbot
- **工作尺寸** 173×150×148mm
- **列印平臺類型** 非熱床（鋁塗層表面）
- **線材尺寸** 1.75mm
- **開放線材** 是
- **溫度控制** 有，噴頭（最高270℃）
- **離線列印** 有（SD卡）
- **機上控制** 無
- **控制介面／切層軟體** Cura
- **作業系統** Mac、Windows、Linux
- **韌體** Marlin
- **開放軟體** 是，Cura屬於AGPLv3
- **開放硬體** 是，CC-BY-SA 3.0

Hep Svadja

VERTEX NANO

文：凱利・伊根　譯：謝明珊

最大的賣點就是小

VERTEX NANO小巧可愛，列印平臺只有3英寸見方，但可以完成無數的專題。列印品質大致良好，直接套用預設也不會有問題。列印平臺為非熱床BuildTak表面，所以你應該只會想使用PLA線材。

一些巧合

目前建議的切層軟體只適用Windows系統，當然你也可以使用別種，只不過限位開關務必設定正確。由於沒有列印校平功能，也沒有擠出頭散熱片，印表機不會自動脫離物件。

隨身攜帶

除了散熱片之外，大部分問題都可以在韌體更新解決。我們測試過組裝版，如果你是自行組裝，可能要花點時間調校。這臺印表機放得進工具箱，似乎是購買的首選。

購買理由

Vertex Nano是小巧的印表機，在狹小的住處也很好用，甚至小到可以隨身攜帶。

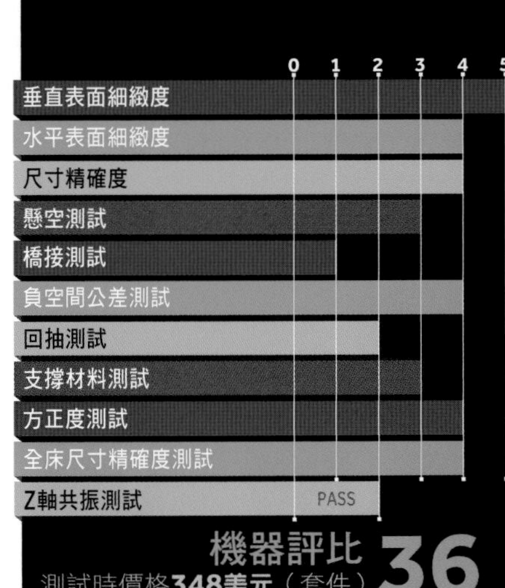

- **網站** vertex3dprinter.eu
- **製造商** Velleman
- **工作尺寸** 80×80×75mm
- **列印平臺類型** 非熱床（BuildTak塑膠塗層）
- **線材尺寸** 1.75mm
- **開放線材** 是
- **溫度控制** 有，噴頭（最高245度）
- **離線列印** 有（SD卡）
- **機上控制** 有（LCD顯示器和類比轉輪）
- **控制介面／切層軟體** Vertex Nano Repetier-Host
- **作業系統** 只適用於Windows（或者採用跟自身作業系統相容的切層軟體）
- **韌體** Marlin
- **開放軟體** 是，Repetier屬於Apache-2.0
- **開放硬體** 否

MAKEIT PRO-L

文：克里斯・耶埃　譯：謝明珊

以這款大小適中的印表機，打造批次列印工廠

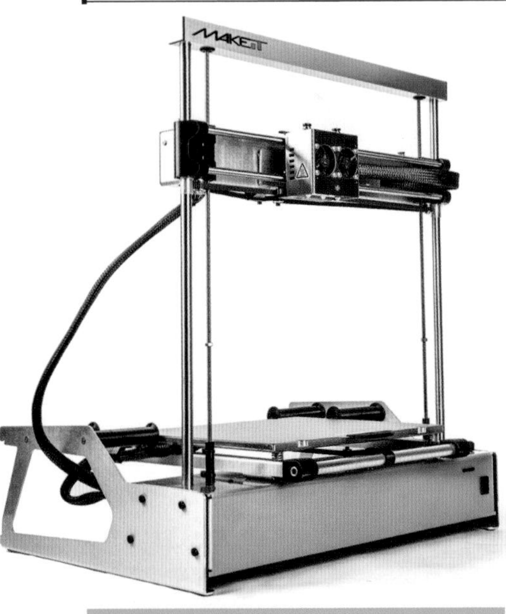

MakeIt Pro-L鎖定高階市場，以超大表面空間，帶給使用者絕佳列印品質。

新功能

熱床背後有特殊設計，可以一邊列印一邊清潔噴嘴。Pro-L還有「複製」功能，小物件不妨善用其雙重噴頭。

價格高貴，成品普通

這臺印表機本身功能佳，但價格高昂，卻沒有相應品質。產品說明文件可協助排解噴頭和熱端的供料和堵塞問題，但我們還是覺得太麻煩了。加強冷卻功能應該有所幫助，但最大的障礙還是價格。如果你要打造列印工廠，Pro-L可能滿足批次列印需求，卻要有親力親為的心理準備。

購買理由

大型又堅固的列印平臺，具備雙擠出頭和實用設計，不愧是專業使用者的好幫手。

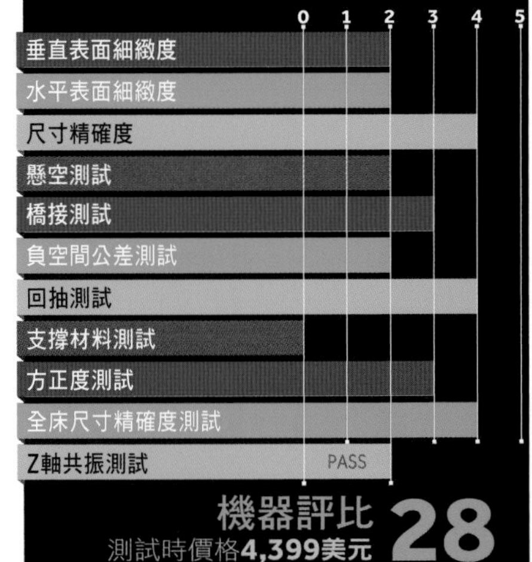

- **網站** makeit-3d.com
- **製造商** MakeIt
- **工作尺寸** 305×254×330mm（單擠出頭和雙擠出頭）
- **列印平臺類型** 鋁製熱床，磁性可拆卸的高強度鋼片
- **線材尺寸** 1.75mm
- **開放線材** 是
- **溫度控制** 有，噴頭（最高275度）；熱床（最高120℃）
- **離線列印** 有（USB、SD卡）
- **機上控制** 有（LCD螢幕和類比轉輪）
- **控制介面／切層軟體** Cura、MatterControl、Simplify3D
- **作業系統** Mac、Windows、Linux
- **韌體** 客製
- **開放軟體** 否
- **開放硬體** 否

Hep Svadja

XFAB

文：麥特・史特爾茲　譯：屠建明

列印品質可圈可點，媲美FormLabs印表機

義大利廠商DWS生產的XFab，是我們近年來測試過比較昂貴的印表機，但功能也比較強大。XFab有超大列印平臺，適用於一系列材料，列印品質不同凡響，XFab真的很棒。

列印平臺更大、品質更佳

光固化立體成型（SLA）印表機的缺點之一，就是列印平臺小，雖然堪用但就是不夠大。不過，XFab列印平臺大，直徑180mm凹陷圓盤提供充足的列印空間。列印物件穩固附著於平臺，但凹槽設計讓成品更容易取下，這是其他SLA印表機所沒有的優點。

XFab有超過11種樹脂配方，注入管就像填縫槍一樣，擠壓樹脂填滿樹脂槽。這種將樹脂注入機器的方法絕對不會搞得亂七八糟，但我希望它可以再聰明點，只注入作業所需的用量就好。否則剩下的樹脂長時間放著，下次使用前還要先攪拌。

閉源的缺點

我對XFab最大的不滿就是閉源。如果樹脂匣沒有裝好，就會發生錯誤，印表機會讀不到RFID標籤。如果網路連線失靈，軟體就不讓你操作印表機，因為無法靠伺服器驗證軟體授權。既然都花了6,000美元，就不應該讓使用者煩惱網路問題。

頂級列印品質

這在SLA印表機裡面，列印品質數一數二，XFab是名副其實的SLA，以雷射固化紫外線光硬化樹脂。雖然SLA列印物件通常比數位光處理（DLP）印表機更加層層分明，但XFab的列印物件相當簡潔。

如果想要專業級SLA印表機，XFab顯然超越市場龍頭Formlabs推出的專業桌上型印表機，只不過要價6,000美元，並沒有太多業餘玩家敢下手。

測試時價格**6,000美元**

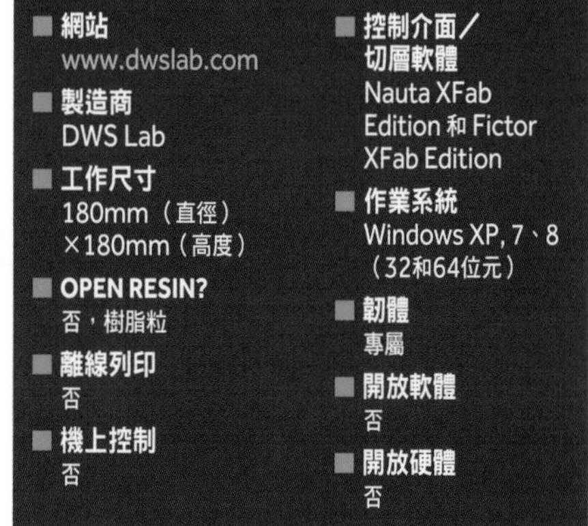
- **網站** www.dwslab.com
- **製造商** DWS Lab
- **工作尺寸** 180mm（直徑）×180mm（高度）
- **OPEN RESIN?** 否，樹脂粒
- **離線列印** 否
- **機上控制** 否
- **控制介面／切層軟體** Nauta XFab Edition和Fictor XFab Edition
- **作業系統** Windows XP, 7、8（32和64位元）
- **韌體** 專屬
- **開放軟體** 否
- **開放硬體** 否

專家建議

認真規劃你的工作空間，縮短筆電和印表機的距離，當你為蓋子解鎖，蓋子不會打開太久，而且要在電腦軟體按鈕才會解鎖。

購買理由

DWS XFab有絕佳列印品質，適用於各式各樣的樹脂，如果大玩特玩SLA列印，又不希望品質打折扣，XFab值得考慮。

試印結果

Hep Svadja

XFAB向大家清楚證明除了FORMLABS印表機還有其他選擇

DUPLICATOR 7
文：麥特・史特爾茲　譯：謝明珊

經濟實惠的優質樹脂印表機

中國廠商萬豪推出Duplicator 7，簡稱D7——是一臺搭載液晶顯示的樹脂印表機，提供物超所值的列印品質。

增添燈光

LCD下面安裝了一排紫外線LED燈泡。當像素為黑色，光線無法通過，但切換成白色就可以了，順便固化樹脂。我所測試的列印物件乾淨簡潔，細節毫無瑕疵——可媲美其他消費性印表機的DLP或SLA物件。全新LCD運作順利。D7仍有進步空間，萬豪正在徵求社群的意見，將D7修改得更好。

心動價

D7的價格對新手充滿吸引力，有助於樹脂列印普及。如果你還沒準備好採購昂貴的SLA印表機，D7會是很棒的起點。

基本價格**495美元**

- **網站** wanhao3dprinter.com
- **製造商** 萬豪
- **工作尺寸** 120×68×200mm
- **OPEN RESIN?** 是
- **離線列印** 無
- **機上控制** 無
- **控制介面／切層軟體** Creation Workshop
- **作業系統** Windows
- **韌體** 專屬
- **開放軟體** 否
- **開放硬體** 否

專家建議

D7社群自創以Raspberry Pi驅動的NanoDLP套裝，可以跟D7相容，再也不用連接全套Windows電腦運行。

購買理由

D7是高品質樹脂印表機，價格深具吸引力，樹脂槽可以複製，所以適合工作空間和Makerspace的各種使用者。

MOAI
文：麥特・史特爾茲　譯：謝明珊

這臺有口皆碑的SLA印表機可以用Cura完成離線列印

DLP樹脂印表機有不少套件可供選擇，但MOAI是第一臺以電流計為基礎的SLA印表機。完成套件很輕鬆——一個下午就可以做好加工和調校。

優質輸出

列印測試採用Peoploy其中一種檔案，物件完美毫無瑕疵。即使我偏好DLP列印的品質，但MOAI以雷射為主，接受度更高。

簡單又離線

市面上充斥專屬軟體和有線列印，MOAI採用Cura軟體可以從SD卡列印。我再怎麼描述都無法呈現MOAI的簡單好用。多虧MOAI社群，MOAI才能夠如此方便使用，從SD卡就可以列印，完全不用連接電腦。

MOAI真的很令我刮目相看，列印品質佳，比其他樹脂印表機少了很多問題。

測試時價格**1,250美元**

- **網站** peopoly.net
- **製造商** Peopoly
- **工作尺寸** 130×130×180mm
- **OPEN RESIN?** 是
- **離線列印** 有（SD卡）
- **機上控制** 有（捲軸旋鈕和LCD顯示）
- **控制介面／切層軟體** Cura Moai Edition
- **作業系統** Mac OSX、Windows
- **韌體** 專屬
- **開放軟體** 否
- **開放硬體** 否

專家建議

這套件包含雷射濾光護目鏡，調校的時候務必配戴——戴著吧！這可以保護你，以免眼睛受傷。

購買理由

要找到不採用專屬樹脂的雷射SLA印表機，真的很不容易，何況MOAI價格是其他廠牌的一半，實在太夢幻了。

Hep Svadja

BENCHTOP PRO

文：麥特・道瑞　譯：Madison

小巧簡潔、可客製化的生產機器

BENCHTOP PRO是CNC Router Part廣受歡迎的Pro系列的縮小版。它具備Pro系列的所有元件，只是將它們全部縮小至可以塞進41"×41"機殼中（還加上馬達）。全金屬結構仍可搭配許多雕刻機型號，包括HP較小的標準雕刻機和CNC Router Part自己出的3HP整合主軸。這款型號特別配備了DeWalt 2¹/₄HP雕刻機，電壓110V，更添實用性。我們評測過前一代大型版，縮小版繼承大型版所有優秀的特質。模組式的選購方案滿足你客製化的需求，同時保持價格競爭力。

輸出最佳化

CNC Router Part專門打造運用於生產環境的機器，設計方面著重可應付重度和重複的使用，並特別注意線材管理等細節，確保不會有線材纏繞等煩人問題導致使用中斷。精省的工作空間適合要求小體積、高產出的Maker或商業使用者。

進階軟體

CNC Router Part推薦的軟體Mach3在精進使用者體驗上一向不遺餘力。它是一款功能完整的機器控制軟體，只要你清楚知道所有按鈕的功能，它就能運作無礙，但如果你總是搞不清楚哪顆按鈕是做什麼的，那很可能會把鑽頭或零件搞壞。把緊急開關拿在手上，注意機器的狀況。熟悉機器控制軟體的人會很快上手──Mach3有各種增加切割速度、提高精確度和效率的花俏功能。

小而強

Benchtop Pro對於空間有限但要求高品質的Maker或企業是個很棒的解決方案。它大部分零件都可以和前幾代大型機臺共用，不論你的小空間裡需要什麼，幾乎都能找得到。

基本價格**3,250美元**

專家建議

開始使用前，先透過練習將軟體調整至最適設定。先別裝鑽頭、別開雕刻機，上傳G碼並調高Z值試跑幾次。仔細看預覽，確保所有路徑都在。如果你用F360，後處理時確保選取整個CAM設定，因為你可能手滑只處理了單一路徑，真心不騙。

購買理由

現在店面空間很貴，但沒有人想要為了省空間而犧牲品質和效率。Benchtop Pro保留了它老大哥們的耐用性和精準度，但體積更小。如果你買底座比較小的那款和DeWalt雕刻機，就可用110V插座供電搭配整合主軸，不需用到220V。

- **網站** cncrouterparts.com
- **製造商** CNC Router Parts
- **測試時價格** 4,062美元
- **最低價所含配件** 無
- **測試時提供配件** 測試用廢板、雕刻機安裝架、2¹/₄ HP雕刻機、電子配件包、近接開關、自動高度與轉角定位板、Mach3、¹/₄"和¹/₂" 鑽頭
- **工作尺寸** 635×635×171mm
- **適用材料** 木材、塑膠、軟金屬
- **離線作業** 無，需用乙太網線連接到執行Mach3的電腦
- **機上控制** 有，控制箱總開關、獨立馬達開關、緊急開關、雕刻機電源開關
- **設計軟體** 推薦使用Fusion 360
- **切割軟體** Mach3、VCarve、Aspire、Cut2D、Cut3D
- **作業系統** 視切割軟體需求
- **韌體** 自訂非自由軟體
- **開放軟體** 否
- **開放硬體** 否

Hep Svadja

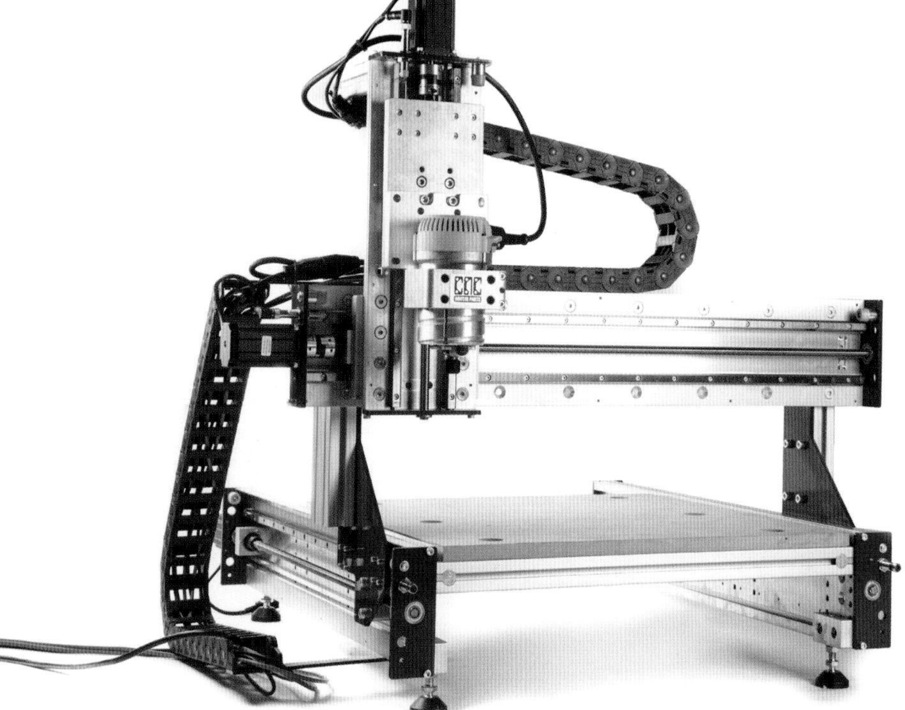

精省的工作空間適合要求小體積、高產出的MAKER或商業使用者

PROBOTIX ASTEROID

文：珍・舒赫特　譯：Madison

提供豐富升級和加購選項的小巧生產機器

PROBOTIX標榜它是「市面上功能最完整的CNC」還真的不誇張。出廠時幾乎已組裝完畢，包含整個工作流程的設置——主軸、控制器、螢幕和灌好軟體的電腦，從接線完畢開始到啟動只要10分鐘，其他CNC套件光是搞清楚各個零件是做什麼的可能就要花上你幾個小時。

多樣化選擇

Asteroid提供十幾種選購配件，讓你打造專屬的機臺。主軸就有7款可選（雕刻機最大是全尺寸$2^{1}/_{2}$HP）。

除了一些基本的升級（集塵、螺紋夾持系統、桌架），Probotix還加碼提供許多花俏的外掛，像是燕尾式細木工夾具、第四軸旋轉附件和自動刀具長度感測器。配件之多樣化會讓你驚嘆，不過若全部買齊可要價兩倍。

高效能

Asteroid的設計注重精確、耐用和簡易：消除螺帽、調整直角的串聯式馬達、整合主軸、固定在框架上的緊急開關，都是標準配備。

Asteroid的速度算快，最快每分鐘（每軸）200英寸，或是加總300ipm。另有氣冷跟水冷系統，可以駕馭從木材到軟金屬等多種材料。

不適合菜鳥

Probotix根據不同專題需求有個推薦使用CAD軟體清單，並提供後製工具給其中多個軟體，但是它的LinuxCNC控制器介面並不是最直覺的，相關文件手冊裡也有些奇怪的地方。最好熟CAD/CAM工具鏈、G碼和細部選項再行使用。Asteroid應是最適合中上程度至專業級使用者「製作原型、生產，或進階業餘人士／家庭用」的機器。Probotic有個長期經營的專業使用者社群，有完善的客服能幫你上手，運用他們堅固多功能的機器產出穩定高品質的作品。

基本價格**3,649美元**

專家建議

跟其他CNC一樣，熟悉工具鏈是很重要的。我們一開始在從CAD到CAM的後製設定上遇到一些困難，花了些工夫釐清問題。可上Probotix論壇或找客服幫忙，進行徹底的偵除錯。

購買理由

Probotix Asteroid堅固耐操，提供許多整合式配件。用最低售價可買到組裝完成的機臺，包含主軸固定器、電腦、鍵盤和預先灌好的軟體。開箱隨插即用！

- **網站** probotix.com
- **製造商** Probotix
- **測試時價格** 4,178美元
- **最低售價所含配件** 含LinuxCNC的電腦、鍵盤、滑鼠
- **測試時提供配件** Unity CNC控制器、自選主軸和限位開關
- **工作尺寸** 635×940×127mm（機臺行程25"×37"×5"），床面尺寸約34"×46"
- **適用材料** 木材、塑膠、複合材料、聚氨酯和軟金屬
- **離線作業** 無
- **機上控制** 支援，整合控制器電腦上有電源開關，鍵盤控制慢速移動，緊急開關
- **設計軟體** 2.5D挖掘加工、仿型、鑽和刻字建議使用Vectric Cut2D（可以150美元隨機加購）；基本點陣圖浮雕建議用Vectric PhotoVCarve；真3D銑削（搭配球形立銑刀）用MeshCAM或Cut3D
- **切割軟體** LinuxCNC（出貨時已安裝於電腦）
- **作業系統** Linux
- **韌體** Unity CNC控制器
- **開放軟體** 是，LinuxCNC屬GNU GPLv2
- **開放硬體** 否

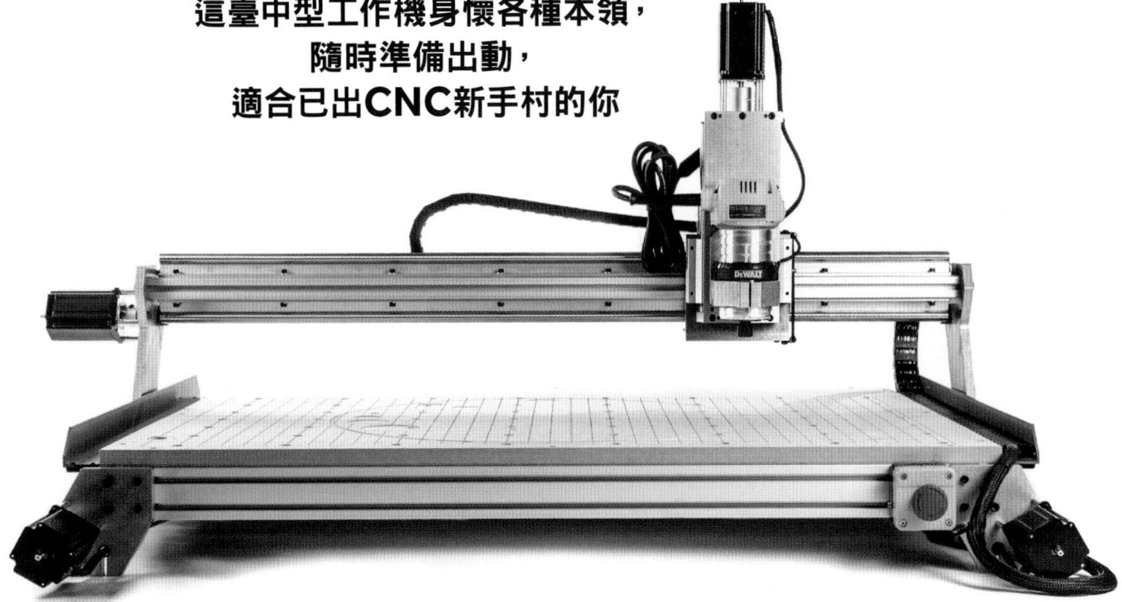

這臺中型工作機身懷各種本領，隨時準備出動，適合已出CNC新手村的你

Hep Svadja

SIENCI MILL ONE KIT V2

文：麥特・道瑞　譯：Madison

價格親民、尺寸適中、耐操好擋的菜鳥首選

SIENCI MILL ONE對於首次進入CNC領域的人，或是有經驗但預算有限的人來說相當實用。只能買整組的Sienci不但讓你可以打造物品，還可瞭解機臺的機械原理，而且並不複雜。它的零件不多，組裝很快。支撐軸和雕刻機的支架是3D列印出來的，可降低成本和重量，而加固機臺的支架則是金屬，具備堅韌特性。

電子部分隨插即用

Sienci網站上有大量的資料可幫助你組裝。中密度纖維板和預切好的握把、馬達固定器和鑽好的孔，讓整機維持小巧體型。電子部分隨插即用，並有簡單易懂的說明，不熟電路板也沒關係。比較需要注意收線和防拉扯，因為Z軸馬達不斷在移動。

輕量級拳王

就硬體來說，Sienci是業餘等級的機器。套件中包含所有2D和3D切割所需組件和少數配件。像終點擋板、材料夾緊系統、選配吸塵器以及專門的緊急開關都還不錯，但不是必要的。跟大多數數控系統一樣，真正的功夫在軟體。Sienci使用開源軟體，讓整個社群一起分擔軟體與硬體互動的表現。跟其他軟體一樣，UGS需要花點時間學習，但不是太複雜，對於尋找更進階功能的使用者來說可能不是那麼適合。Sienci的切割效果乾淨清爽，過渡區幾乎沒有什麼背隙。

入門機器

比起只講求製作效果的使用者來說，Sienci更適合想深入瞭解CNC過程的使用者。雖然它在規模完整的生產環境中沒有太大用處，但它的教學潛力會是教師、好奇的Maker或珠寶製造業等需要自製小型原型產業的最佳助手。

基本價格**399美元**

專家建議

開始前仔細閱讀完組裝說明。掌握整體概念會讓組裝過程更順利。

在不可調扣件上加點Loctite瞬間膠，可預防操作時鬆脫。

購買理由

價格親民、耐用、相對好攜帶、零件好買，是CNC入門推薦款。開源軟體和硬體讓它容易改造，開源社群也能提供豐富支援。

- **網站** sienci.com
- **製造商** Sienci Labs
- **測試時價格** 498美元
- **最低售價所含配件** 套件組件
- **測試時提供配件** Ridgid R24012雕刻機含1/4"夾頭和圓形底座、方形底座、夾頭扳手、邊緣導軌、導向條、1/4"鑽頭、耐用工具包以及操作員手冊
- **工作尺寸** 235×185×100mm
- **適用材料** 木材、塑膠、泡綿、PCB、皮革、比鋁軟的金屬和其他材料
- **離線作業** 無
- **機上控制** 有，雕刻機上有開關（無緊急開關）
- **設計軟體** Universal GCode Sender（UGS）、Kiri:Moto、Fusion 360（含Universal GCode Sender外掛）和其他任何G碼傳送軟體
- **切割軟體** Grbl韌體、Universal GCode Sender，接受Grbl後製
- **作業系統** Mac、Windows、Linux
- **韌體** Grbl
- **開放軟體** 是，Grbl屬GNU GPLv3
- **開放硬體** 是，公眾領域

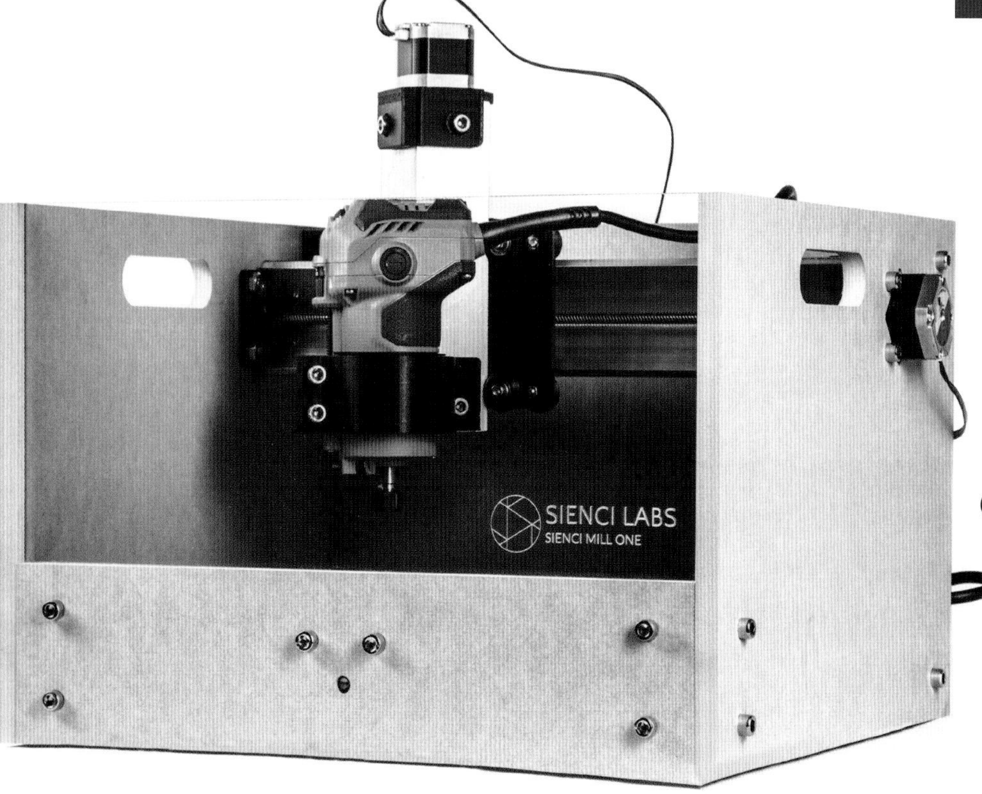

耐用、小巧、CP值高的CNC工具機

Hep Svadja

HANDIBOT 2

文：麥特·史特爾茲　譯：Madison

ShopBot 重新思考可攜性的特殊設計

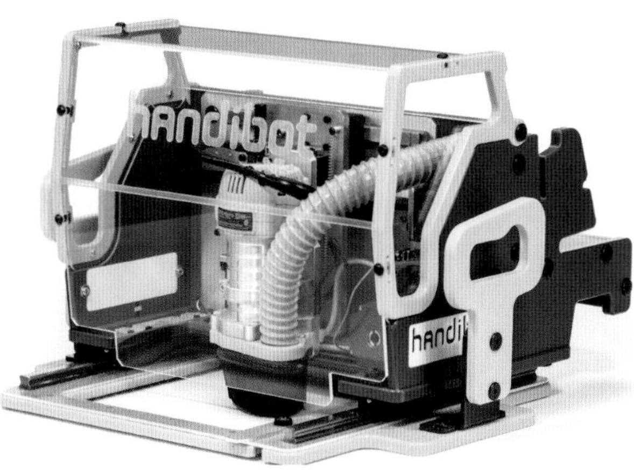

HANDIBOT 2運作方式跟一般的CNC雕刻機不同。它是放在你的工件上，你可以繞著材料調整它的位置，也就是說工作尺寸完全是看你想要移動Handibot多少次而定。

切割乾淨俐落

用Handibot 2切割簡單又有效率。它的雕刻機是許多CNC選用的標準DeWalt 611。在1¼ HP時，它提供充足的動力，切割面很乾淨。Intel Edison開發板使之可離線作業。還附贈一個保護蓋和一個軟管掛鉤，可以連接吸塵器清除粉塵和碎片。

可攜式電源

雖然我不認為Handibot 2有辦法完全取代大型CNC，但麻雀雖小卻包含了許多功能，對於正在尋找可攜式CNC的人來說，Handibot 2是個不容忽視的選擇。

基本價格3,195美元

- **網站** shopbottools.com
- **製造商** ShopBot
- **測試時價格** 3,195美元
- **最低售價所含配件** LMT Onsrud 37-61 1/2" 90° V型鑽頭、61-040 1/8"直刀、52-287 1/4"二刃上旋切割、DeWalt DWP 611雕刻機
- **測試時提供配件** 無
- **工作尺寸** 152×203×76mm
- **適用材料** 木材、塑膠、軟金屬
- **離線作業** 有，無線連接
- **機上控制** 有，兩顆控制鈕s
- **設計軟體** VCarve Pro ShopBot版
- **切割軟體** FabMo
- **作業系統** Windows VCarve版；機器本身就裝載FabMo，可用瀏覽器開啟
- **韌體** FabMo
- **開放軟體** 是，FabMo屬Apache-2.0
- **開放硬體** 是，Panaka OHL 1.0版

專家建議

Handibot 2的輔助夾具方便你完成重複性的小任務，Handibot底座可輕鬆和這些夾具鎖在一起。

購買理由

Handibot 2身形小但力氣大。如果想買臺在這個量級稱霸的可攜式CNC，那就是它了。

CNC-STEP HIGH-Z S400T

文：賽門·諾里奇　譯：Madison

專為持久所設計的多功能 CNC

桌上型的CNC-STEP HIGH-Z S400T銑削品質很棒，而且提供許多工具，夠你忙的了。因為它的插拔工具系統，我們本來想把這臺算在混合機種（Hybrid），但它的CNC銑削和雕刻能力實在太好，必須在這裡介紹一下。

超強軟體

在完整的手冊幫忙之下，我們輕鬆完成連接控制器和雕刻頭的工作。KinetiC-NC控制軟體的使用者介面設計得很好，可以精準控制機器，而且操作容易，是我用過最好用的CNC使用者介面，期待未來還有使用它的機會。Otto Suhner UAD 30 RF銑削／雕刻機主軸非常堅固而且容易操作。

完美表現

我使用雕刻機已有40年的經驗，我敢說CNC-STEP HIGH-Z S400T是我用過類似產品中最好用的一臺。

基本價格5,299美元

- **網站** cncstepusa.com
- **製造商** CNC-Step
- **測試時價格** 14,730美元
- **最低售價所含配件** Zero3五頻控制器、Suhner UAD 30-RF雕刻機主軸（3,500–30,000rpm，1050W）、WinPC-NC USB v3.0控制軟體
- **測試時提供配件** 雷雕機、冷卻系統、鑽石雕刻機、切線刀、第四軸迴轉工作臺
- **工作尺寸** 400×300×110mm
- **適用材料** 木材、塑膠、非鐵金屬、石材，有合適工具／速度／進給的話也可用於鐵金屬
- **離線作業** 無
- **機上控制** 無，只有緊急開關
- **設計軟體** 任何CAD軟體都可以
- **切割軟體** KinetiC-NC
- **作業系統** Windows 8–10
- **韌體** FabMo
- **開放軟體** 否
- **開放硬體** 否

專家建議

裝軟體的隨身碟是一個開瓶器！

購買理由

本身就是臺堅實的CNC機器，可插拔工具系統和超讚的說明文件，讓HIGH-Z S400T很有競爭力。

Hep Svadja

GLOWFORGE BASIC

文：麥特・史特爾茲　譯：Madison

這臺功能豐富、簡單易用的機器終於即將上市

我們將GLOWFORGE插電、設定完成並開始切割，前後不到10分鐘。它唯一的連線方式就是Wi-Fi，它的網路應用程式讓機器保持在最新狀態──對於這樣的進步我們感到相當滿意。Glowforge支援用多種影像檔蝕刻，但最好還是用向量檔，它可以完美處理Inkscape編輯器產生的SVG檔案。

效能

我們的第一次試切乾淨俐落。內建攝影機搭配軟體使用，讓Glowforge成為我們用過最簡單易用的數位製造機具。在《MAKE》國際中文版Vol.31中，我們使用量產前版本時遇到一些計時問題，但量產版本切割和雕刻都運作無礙。

現可訂購

正式上市時間有些延後，但是等待是值得的。預購訂單今年夏天要開始出貨。此外，選配的外接空氣過濾器預計會在12月開始出貨……應該吧。

基本價格**2,995美元**

專家建議

對SVG檔案做顏色映射轉換，好針對你設計中的某個部分調整作業順序和類型。

通風方面請照著手冊指示做，內建風扇雖然還行，但如果你操得太厲害還是不夠用。跟其他機種一樣，搭配空氣過濾器使用是個不錯的主意。

購買理由

Glowforge是臺非常容易使用的雷射切割機，剔除了其他機種軟體使用上的許多痛點。

- **網站** glowforge.com
- **製造商** Glowforge
- **最低售價所含配件** 40W雷射管、六個月保固
- **工作尺寸** 290×515mm
- **雷射管** 40W
- **離線作業** 有，Wi-Fi
- **適用材料** 切割和雕刻：木材、織物、皮革、紙張、丙烯酸、乙縮醛、聚酯薄膜、橡膠、軟木；僅限雕刻：玻璃、大理石、石材、瓷磚、陽極氧化鋁、鈦
- **機上控制** 有，單一控制鈕
- **設計軟體** Glowforge網頁介面，無可安裝軟體
- **作業系統** Mac、Windows、Linux
- **韌體** 專屬韌體
- **開放軟體** 否
- **開放硬體** 否

FULL SPECTRUM MUSE

文：珍・舒赫特　譯：Madison

業餘桌上型雷射切割界的閃亮黑馬

MUSE是FULL SPECTRUM的第六代機器，適合初學者使用，搭載許多實用功能，包括使對齊更容易的內建攝影機，還有觸控螢幕跟防傻警示系統，只是手動Z軸高度對焦怎麼會是類比式的？

老狗新把戲

Full Spectrum將他們在雷射切割界的多年經驗透過免費教學影片、試作專題和官網電子書下載分享出來，是雷切初學者的知識庫。他們還有個活躍的論壇，但是要找到客服人員協助排除障礙卻不容易。

RetinaEngrave v2（RE2）是Muse專用的控制軟體，透過乙太網路線或Wi-Fi連接。介面雖然經過精簡，RE2在進階作業和從其他設計軟體匯入複雜檔案時還是有點挑剔。蝕刻和照片雕刻運作無礙，但花了一番工夫才得到有一致性的切穿成果。

潛力股

Muse有些非常聰明的新功能，但軟體也還有些怪問題待改善。

基本價格**5,000美元**

專家建議

laser101.fslaser.com/materialtest有一份「材料測試」檔案和速度／功率／電流表。參考這張表，測試兩種方向，直到獲得你想要的效果。記錄下結果，最好能蒐集完整測試樣品，幫各種材料做出一份設定選項表。

購買理由

有許多方便的功能、平易近人的介面和豐富的知識資源。部分軟體功能正更新中，Muse將成為業餘愛好者和教育機構的無痛雷切入門機。

- **網站** fslaser.com
- **製造商** Full Spectrum Laser
- **最低售價所含配件** 40W雷射管、基本泵浦、一年保固
- **工作尺寸** 508×305mm
- **雷射管** 40W（可升級至45W）
- **離線作業** 有，Wi-Fi
- **適用材料** 切割和雕刻：木材、壓克力、纖維、皮革、紙、紙板；僅限雕刻：金屬、玻璃和曲面物體
- **機上控制** 有，觸控面板
- **設計軟體** RetinaEngrave v2（可透過下載驅動程式「列印」或從其他設計軟體匯出）
- **作業系統** Mac、Windows、Linux
- **韌體** 專屬韌體
- **開放軟體** 否
- **開放硬體** 否

Matt Stultz, Hep Svadja

STEPCRAFT 2/840

文：賽門・諾里奇　譯：Madison

這款性能優越的機器可搭配任何你用得到的工具頭

STEPCRAFT 840不是我們所評測的第一臺CNC／3D列印二合一工具機，但可能是性能最佳的。配備多種工具、寬敞的工作區，沒有什麼840無法執行的任務。開始組裝前仔細閱讀手冊。連接雕刻機時很容易搞錯，若沒看清楚可能得拆掉重接。

驚人的多樣化選配

840進行CNC工作時相當安靜順暢，且易於操控。乍看之下840就是臺CNC雕刻機，接著你會發現有個3D列印頭非常自然地長在上面。我先試列印一塊小的Stepcraft展示圖標。調整好線材進料所花的時間比我想像中長。或許稍微修改驅動輪和扭矩設定會有助於改善這些問題。它可以3D列印，但需要稍事調整才能達到最佳效果。

840也可以選配以進行雷射蝕刻、木燒雕刻、熱金屬絲切割、筆繪和其他工作。更換成劃線筆也很簡單。製作精良，配備彈簧，強度和韌性應可刻寫於各種不同材料上。我試刻在6mm澆注壓克力上，運作無礙。

建議升級項目

這臺機器床面是層壓MDF板，強度和韌性不是很確定。使用反向圓柱頭沉頭螺絲代替內六角圓頭附法蘭螺絲可以提供更好的剛性。部分使用者可能想要鑽孔並用銷釘固定部分組件以保持對齊。好些時候我必須回復上一步、重新調整、重新轉緊機器以確保運作平穩。

工具機界的瑞士刀

跟其他的多合一機器一樣，Stepcraft 840可能在任何工具的表現上都不是最頂尖；但多花點時間調整，它可以成為Maker的「工具機界瑞士刀」。

基本價格**2,199美元**

專家建議

可以考慮鑽孔並用銷釘固定部分組件以保持對齊。

開始組裝前仔細閱讀手冊。連接雕刻機時很容易搞錯，若沒看清楚可能得拆掉重接。

購買理由

寬敞的工作區和多樣化的工具頭，沒有什麼840無法執行的任務。

- **網站** stepcraft.us
- **製造商** Stepcraft
- **可選配工具** 銑削、3D列印、雕刻、雷射蝕刻、木燒、熱金屬絲切割、拖刀、雕刻筆等
- **工作尺寸** 600×840×140mm
- **離線作業** 無
- **機上控制** 只有緊急開關
- **控制軟體** UCCNC
- **作業系統** Windows
- **韌體** 專屬韌體
- **開放軟體** 否
- **開放硬體** 否

Hep Svadja

乍看之下840就是臺CNC雕刻機，接著你會發現它竟然有個3D列印頭

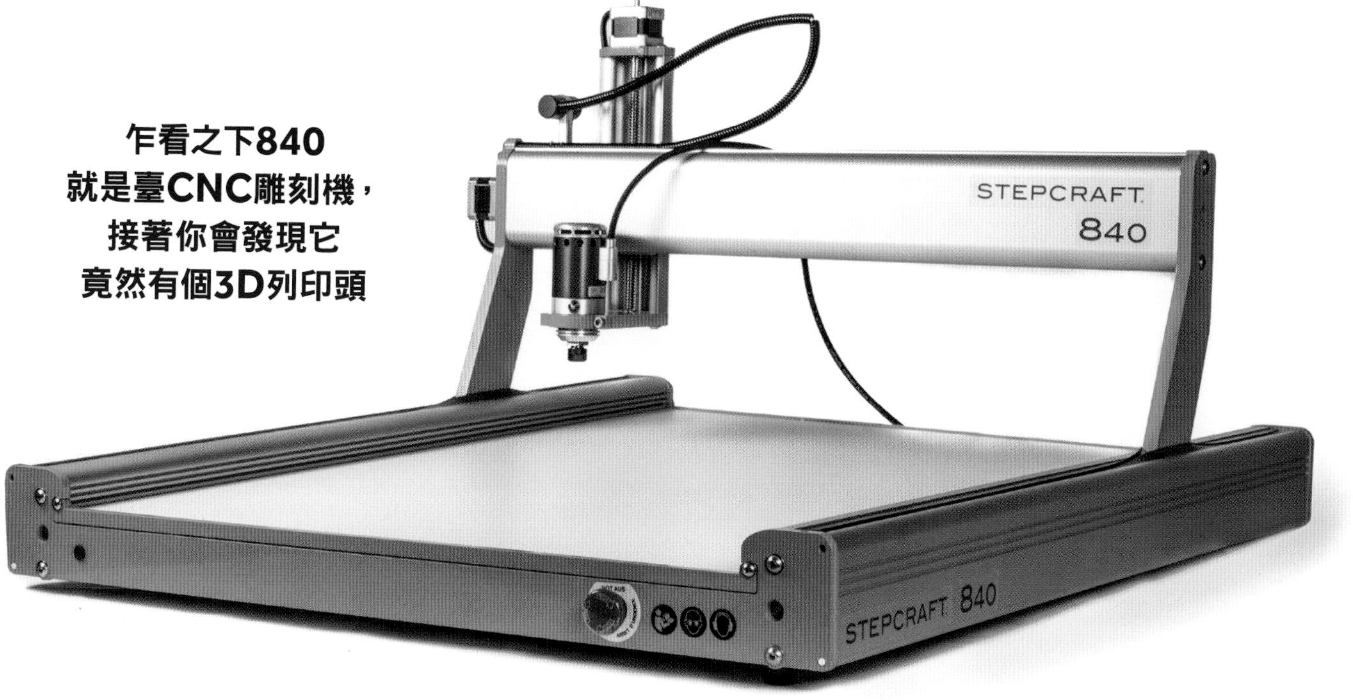

USCUTTER TITAN 2

文：曼蒂·L·史特爾茲 譯：Madison

簡單易用、可應付多種材料的割字機

測試過程中，我發現USCUTTER TITAN 2的軟體非常好用，而且很快就能設定完成。機器本身更是如此。這臺乙烯基塑膠割字機附有一個繪圖用的小圓珠筆，但它最出色的是切割能力。它可以處理標準乙烯基、熱轉印乙烯基、卡紙、噴漆膜、層壓板、反光乙烯基和窗戶貼膜。

機上控制介面可在切割時輕鬆對齊，並且允許快速調整材料。試切快速輕鬆，很容易對齊、調整速度和力度。

小問題

我不太喜歡刀鋒上用來緊固塑膠的螺絲，很容易鎖太緊。很快地重鎖可以解決問題，但也很難判斷是否鎖得太緊。

我發現寬度尺／對齊條可有效幫助測量，但較小的單片乙烯基對齊非常困難。這臺機器真的可以用加長的引導線來解決這個問題。

除此之外，初始進料相對沒什麼問題。我發現夾送輥確實難以用在較小的材料，而且不太能透過調整來避免黏在軌道上。因為每個上夾送輥都對齊下夾送輥，而不是對齊某個桿或比較長的輥，稍微沒有對齊好就會讓非整卷的材料扭在一起。

有彈性的軟體

VinylMaster Cut的軟體功能比我以前用過的許多乙烯基塑膠割字機都要豐富。內建字母、形狀和部分美工圖案。它可以輕鬆匯入多種影像檔案格式，Vectorizer工具能精確快速地描圖。Vectorizer工具可以描圖案中某個指定的顏色，是很棒的多圖層／多色應用，還可加上註冊商標，校準更輕鬆。

多功能工具

整體來說，這是臺堅固易用的乙烯基塑膠雕刻機，適合新手和專業玩家。測試版本對於專業玩家來說有點小，加大版應適合商業工作坊使用。

基本價格**995美元**

專家建議

這臺機器可以輕鬆切割出非常精細的圖樣。不過，有時候圖樣細節上的小片乙烯基塑膠會黏在刀殼上，必須把刀片和殼拆下來移除。

購買理由

USCUTTER TITAN 2 簡單但精準，使用者體驗很好。額外的配件，像是卷夾和接取籃，能保持材料乾淨整潔。

- **網站** uscutter.com
- **製造商** USCutter
- **切割尺寸** 609×7,620mm，媒材最大寬度711mm
- **離線作業** 無
- **機上控制** 有，試切、速度和力度調整，雷射和進料調整
- **控制軟體** VinylMaster Cut OEM（PC用）；Sure Cuts a Lot Pro（Mac用）
- **作業系統** Windows XP、Windows Vista、Windows 7或Windows 8和Mac OSX
- **開放軟體** 否

Hep Svadja

試切快速輕鬆，很容易對齊、調整速度和力度

SILHOUETTE CURIO
文：曼蒂·L·史特爾茲　譯：Madison

完美的家用多功能割字機

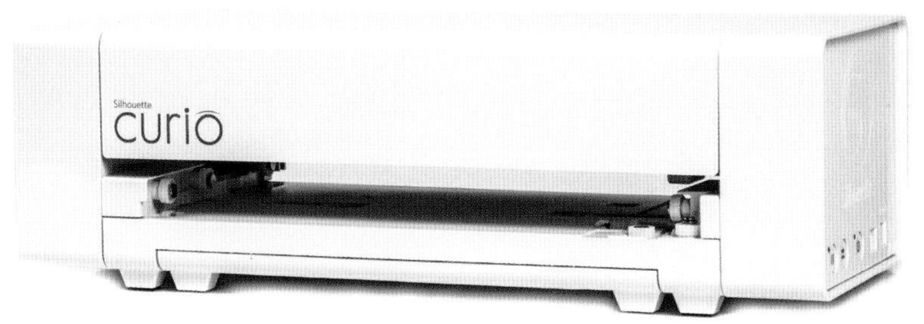

我們很喜歡SILHOUETTE的其他機器，但CURIO的新工具和應付厚材料的能力讓它更勝一籌。軟體的使用者體驗很好，SILHOUETTE網站上有許多精選的專題、祕訣和花招。

實用的程式設計

Curio附有一組平臺，可以幫不同材料設定正確高度。有許多不同組合，但軟體會告訴你有多少可以用。機臺內部在運作時會產生一些噪音跟些許震動。這目前看來不影響切割，但時間會證明這是否影響效能。

適合業餘玩家

Curio可能不太能應付大型生產環境或Maker空間。刀／筆頭工作起來有時沒有想像中耐用，切割墊和卡扣看似太操會很快被磨損。然而，對於家庭工作者來說還是臺很棒的機器。

基本價格**250美元**

專家建議

不同材料需要不同切割板和切割墊的組合，才能正確切割和浮雕。裝載時，Silhouette Studio軟體會告訴你用什麼組合，事先預習一些背景知識會讓工作前的設置更輕鬆。

購買理由

Silhouette Curio切割多種材料表現都很不錯，不管是薄乙烯基塑膠還是帆布。它還能繪圖、蝕刻和點畫薄金屬，是很多功能的工藝機。

- **網站** silhouetteamerica.com
- **製造商** Silhouette
- **切割尺寸** 216×152mm，可升級至216×305mm
- **離線作業** 無
- **機上控制** 有，開關、暫停、裝/卸底盤
- **控制軟體** Silhouette Studio
- **作業系統** Windows 7、8、10或Mac OSX 10.7以上
- **開放軟體** 否

BROTHER SCANNCUT2 CM350

這臺輕便的機器讓你可使用自訂設計
文：曼蒂·L·史特爾茲　譯：Madison

BROTHER SCANNCUT2 CM350可切割紙、乙烯基、貼紙、織物和其他材料。隨附部分配件，但建議自己準備USB Type A轉B線或是USB隨身碟。你可以購買一張ScanNCut啟動卡用Wi-Fi連線。

自製設計

BROTHER SCANNCUT2 CM350的一個特異功能是可以掃描設計（彩色或黑白）並切割。手繪可以，預印和沖壓設計也行。

注意：全新切割墊的黏性可能在把薄材料取下時將它弄壞。可以的話，頭幾次切割時用比較硬的材料。此外，機器會在開始前沿著切割墊頂部進行有角度的「切割練習」。這可能會使刀片變鈍，最終導致墊子損壞。

有點怪但是效能好

除了一些小問題外，這臺機器對任何Maker來說都夠堅固，並且容易上手，適用所有媒材。

基本價格**299美元**

專家建議

在喜歡的紙上畫好圖案後再黏到切割墊上。麥克筆和粗簽字筆的墨水可能會透到切割墊上，把後續切割的紙弄髒。

購買理由

可做出專業級的掃描、切割、繪圖甚至浮雕。從內建的設計、密技、花招和影片庫開始，慢慢進階到完整的專題和你自己的設計。

- **網站** brother-usa.com
- **製造商** Brother
- **切割尺寸** 依隨附切割墊為305×305mm（實際尺寸298×298mm）
- **離線作業** 有，另購ScanNCut線上啟動卡
- **機上控制** 有，觸控面板
- **控制軟體** 雲端ScanNCutCanvas
- **作業系統** 以雲端為基礎，任何可上網者皆可
- **開放軟體** 否

Hep Svadja

ONES TO WATCH

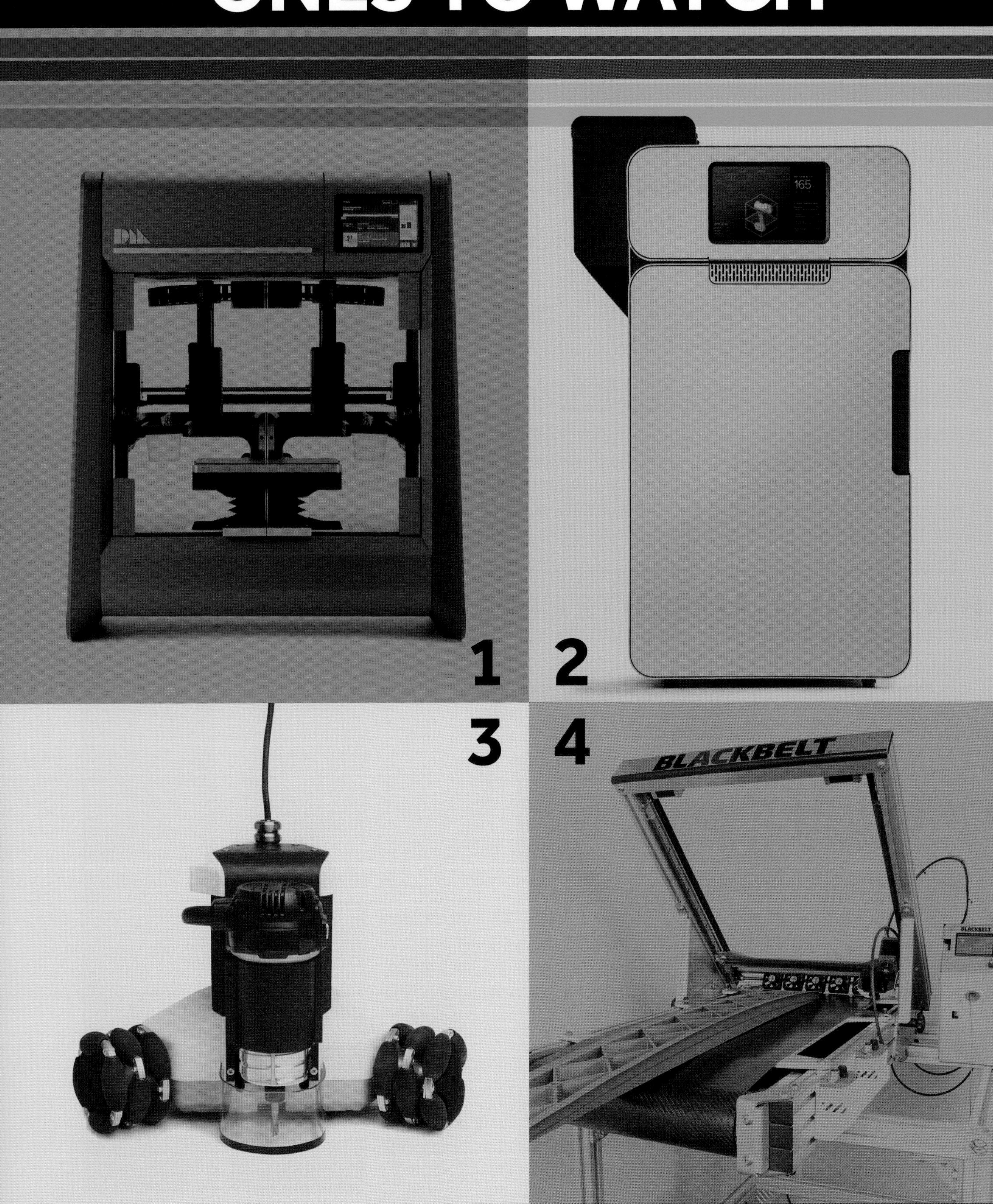

矚目機種 這些創新的機器展現出無限的發展可能

文：麥特・史特爾茲　譯：張婉秦

每年都會有大量的3D印表機跟其他新奇的數位製造產品上市。我們總是儘量強調那些引起我們興趣的產品，希望讀者們能關注它們。不幸的是，這些新機器無法都如我們的預期那麼快上市，過往在〈矚目機種〉中介紹過的產品仍然用著抓不準的上市日期吊我們胃口。

雖然如此，許多即將推出的機器為不同面向的使用者帶來令人興奮的元素，我們非常期待能測試所有商品。

1.DESKTOP METAL的STUDIO SYSTEMS桌上型金屬3D印表機

desktopmetal.com/products/studio

每次聊天提到3D印表機，人們都會問：「是啊，可是我可以用金屬列印嗎？」——總是想辦法打壓3D印表機。如果Desktop Metal的產品上市，而且看起來如同預期，那答案很快就會變成「可以」！

金屬3D列印已經運作很長一段時間，但大部分是使用昂貴的粉末式機器。Desktop Metal使用的系統較類似熱熔融沉積成型（FDM），用黏合劑將金屬粉末包含於棒狀結構中。一旦印好物件，可以將黏合劑融化，再拿到窯中燒製熔合，最後就會有成形的金屬部件供你使用。這個系統不便宜，但是與其他產品相較是個大突破（要認真考慮的話，你也許會想看看Markforged的Metal X）。

2. FORMLABS的FUSE 1 3D印表機

formlabs.com/3d-printers/fuse-1

Formlabs今年初宣布Fuse 1是他們跳脫所主導的光固化立體造型（SLA）市場的首項新產品。Fuse 1採用選擇性雷射燒結技術（SLS），利用雷射熔化並燒結塑膠粉末，而不是擠出熱塑料或用雷射固化樹脂。相較於其他3D列印技術，SLS有個突出的優點，那就是可將任何未使用到的材料做為其他部件的支撐材料，能夠創作非常複雜的造型。我們過去也在〈矚目機種〉中介紹過幾臺SLS機器，不過有了Formlabs出產的粉末，我們預期Fuse 1明年能在市場上成為熱銷產品。

3.SPRINGA的GOLIATH CNC工具機

goliathcnc.com

我們今年第一次在舊金山灣區Maker Faire看到Goliath展示CNC工具機的獨特設計，並不需要很大的空間設置。Goliath使用底部組件上的全向輪以及可在中央上下移動的工具機主軸進行切削，並透過兩個導輪捲動繩索，以旋轉編碼器測量已知兩點間的距離來進行位置控制。整個組合才不過一英尺半立方體大小，但可以裁切全尺寸的合板。

4.BLACKBELT 3D的BLACKBELT印表機

blackbelt-3d.com

2010年，MakerBot發表了Cupcake CNC 3D印表機的自動建構平臺。這是當時市場上第一個系統，讓3D列印物件在製造過程中不需要人工干預。現在BlackBelt 3D讓這個過程更上層樓，不只是能讓零件在輸送帶上移動，同時輸送帶本身就代替了印表機其中一個軸。這代表藉由這個軸的輸送帶移動，可以列印幾乎無限長的物件。你可以在尾端加上收納箱，一個接一個地蒐集從平臺上脫離、已經列印完成的小零件，最後將它們集合起來。這個想法讓整個社群很興奮，現在我們已經看到有些公司開始複製，像是Printrbot，嘗試能真正將3D列印帶入家庭工廠。

BY THE NUMBERS 分數評比

用幾張簡單的圖表比較熱熔融沉積成型分數和機器規格 譯：編輯部

有了如此寬廣的選擇，為你的確切需求選擇完美的印表機或切割機可能令人望而生畏。讓我們幫助你透過下列的分數圖表和規格表對所有數據進行分類。下面的分數涵蓋了本期中每臺熱熔融沉積式印表機，後面幾頁則還包括了過去兩年的頂級機種。你可以到makezine.com/go/fab-guide-2018上瀏覽更多資訊。

熱熔融沉積式印表機測試分數

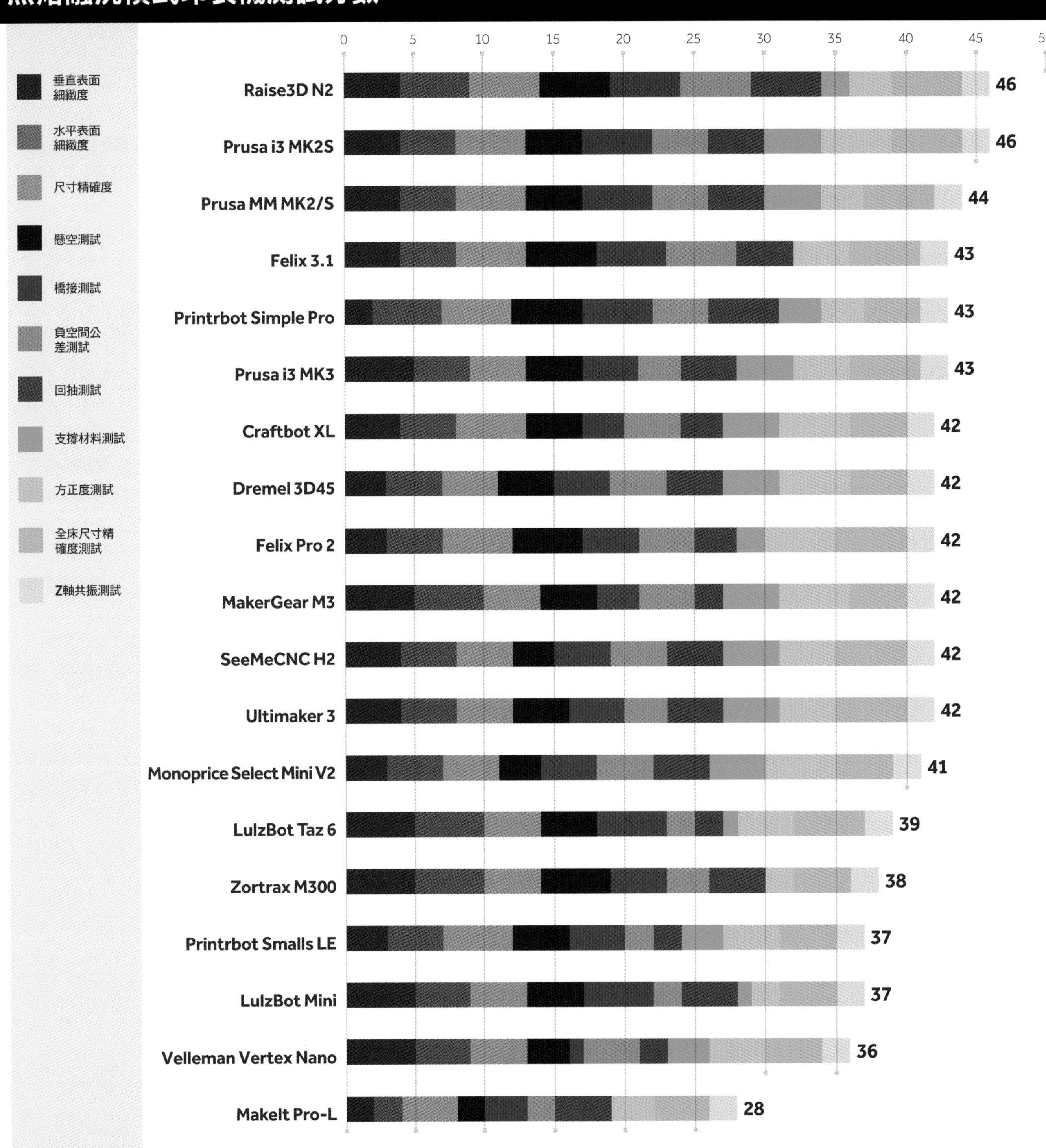

熱熔融沉積式印表機比較

機種	製造商	價格（美元）	成型尺寸	開放線材	熱床	Wi-Fi	開源	評測
BCN3D Sigma 2017	BCN3D	$3,132	210×297×210mm		√		√	*Vol. 58*
Craftbot XL	Craft Unique	$1,899	300×200×440mm	√	√	√		35頁
DP200 3DWOX	Sindoh	$1,045	210×200×195mm		√	√		*Vol. 54*
Dremel 3D40	Dremel	$1,599	255×155×170mm			√		*Vol. 54*
Dremel 3D45	Dremel	$1,799	255×155×170mm	√	√	√		37頁
Felix 3.1	Felix Printers	$2,150	240×205×225mm（雙擠出頭）	√	√			33頁
Felix Pro 2	Felix Printers	$2,840	237×244×235mm（雙擠出頭）	√	√			35頁
Hacker H2	SeeMeCNC	$549	175（直徑）×200mm 或140（直徑）×295mm	√			√	33頁
Prusa i3 MK2S	Prusa Research	$599（套件）；$899（已組裝）	250×210×200mm	√	√		√	30頁
Prusa i3 MK2S MM	Prusa Research	$299（只含附加套件）；$1,198（如測試版）	250×210×200mm（四擠出頭）	√	√		√	31頁
Prusa i3 MK3	Prusa Research	$749（套件）；$999（已組裝）	250×210×200mm	√	√	√	√	31頁
Jellybox	IMade3D	$799（套件）	170×160×150mm	√				Vol.29
LulzBot Mini	LulzBot	$1,250	152×152×158mm	√	√		√	39頁
M3	MakerGear	$2,550	203×254×203mm	√	√	√	√	36頁
M300	Zortrax	$3,990	300×300×300mm	√	√			38頁
MakeIt Pro-L	MakeIt	$4,399	305×254×330mm（雙擠出頭）	√	√			40頁
N2	Raise3D	$2,999	305×305×305mm（雙擠出頭）	√	√	√		28頁
Printrbot Simple Pro	Printrbot	$699	200×150×200mm	√	√	√	√	32頁
Printrbot Smalls Limited Edition	Printrbot	$500	173×150×148mm	√			√	39頁
Replicator+	MakerBot	$2,499	295×195165mm			√		Vol.29
Select Mini V2	Monoprice	$220	120×120×120mm	√	√	√		37頁
Taz 6	LulzBot	$2,500	280×280×250mm	√	√		√	38頁
Ultimaker 2+	Ultimaker	$2,499	223×223×205mm	√	√		√	Vol.28
Ultimaker 2 Extended+	Ultimaker	$2,999	223×223×304mm	√	√		√	Vol.29
Ultimaker 2 Go	Ultimaker	$1,199	120×120×115mm	√	√		√	Vol.24
Ultimaker 3	Ultimaker	$3,495	176×182×200mm（雙擠出頭）	√	√	√	√	34頁
Up Box+	Tiertime	$1,899	255×205×205mm		√	√		Vol.29
Vertex Nano	Velleman	$349（套件）	80×80×75mm	√				40頁

光固化印表機比較

機種	製造商	價格（美元）	成型尺寸	類型	開放樹脂	離線列印	評測
DLP Pro+	mUVe 3D	$1,899	175×98.5×250mm	DLP	✓	✓	Vol.29
DropLit v2	SeeMeCNC	$740	115×70×115mm	DLP	✓	✓	Vol.29
Duplicator 7	Wanhao	$495	120×68×200mm	DLP	✓		43頁
Form 2	Formlabs	$3,499	145×145×175mm	SLA	✓	✓	Vol.24
LittleRP	LittleRP	$599	60×40×100mm	DLP	✓		Vol.24
Moai	Peopoly	$1,250	130×130×180mm	SLA	✓	✓	43頁
Nobel 1.0	XYZprinting	$1,499	128×128×200mm	SLA		✓	Vol.24
Titan 1	Kudo3D	$3,208	192×108×243mm	DLP	✓		Vol.24
XFab	DWS Lab	$6,000	180×180mm	SLA			42頁

CNC工具機比較

機種	製造商	基本價格（美元）	測試時價格（美元）	工作尺寸	CAM軟體	可處理材質	評測
Asteroid	Probotix	$3,649	$4,178	635×939.8×127mm	Vectric Cut2D, Vectric PhotoVCarve, MeshCAM, Cut3D, VCarve Pro	木材／塑膠／軟金屬	45頁
Benchtop Pro	CNC Router Parts	$3,250	$4,062	635×635×171mm	Fusion 360	木材／塑膠／軟金屬	44頁
Handibot 2	ShopBot	$3,195	$3,195	152×203×76mm	VCarve Pro ShopBot Edition	木材／塑膠／軟金屬	47頁
High-Z S400T	CNC-Step	$5,299	$14,730	400×300×110mm	任何CAD套裝軟體皆可運作	木材／塑膠／軟金屬	47頁
Nomad 883 Pro	Carbide 3D	$2,699	$3,100+	203×203×x76mm	Carbide Create 或 MeshCAM	木材／塑膠／PCB／軟金屬	Vol.29
PCNC 440	Tormach	$4,950	$9,895	254×158×254mm	Fusion 360	木材／塑膠／軟、硬金屬	Vol.29
PRO4824	CNC Router Parts	$3,500	$7,637	1219×609×203mm	VCarve Pro	木材／塑膠／軟金屬	Vol.29
Shapeoko XXL	Carbide 3D	$1,730	$1,730	838×838×76mm	Carbide Create 或 MeshCAM	木材／塑膠／PCB／軟金屬	Vol.29
ShopBot Desktop Max	ShopBot	$9,090	$9,285	965×635×140mm	VCarve Pro	木材／塑膠／軟金屬	Vol.29
Sienci Mill One Kit V2	Sienci Labs	$399	$498	235×185×100mm	Universal GCode Sender, any G-code sending software	木材／塑膠／PCB／軟金屬	46頁
X-Carve	Inventables	$1,329	$1,493	750×750×67mm	Easel	木材／塑膠／PCB／軟金屬	Vol.29

雷射切割機比較

機種	製造商	價格（美元）	切割尺寸	控制軟體	評測
Glowforge	Glowforge	$2,995	290×515mm	Glowforge	48頁
Muse	Full Spectrum Laser	$5,000	508×305mm	RetinaEngrave v2	48頁
Voccell DLS	Voccell	$4,999	545×349.25×114mm	Vlaser	Vol.29

混合機種比較

機種	製造商	價格（美元）	工作尺寸	工具頭	離線作業	開源	評測
BoXZY	BoXZY	$3,599	165×165×165mm	3D列印擠出頭、雷射模組、CNC銑削主軸			Vol.29
Stepcraft 2/840	Stepcraft	$2,199	600×840×140mm	銑削、3D列印、雕刻、雷射蝕刻、木燒雕刻、熱金屬絲切割、筆繪			49頁
ZMorph 2.0 SX	ZMorph	$3,890	250×235×165mm（有蓋）300×235×165mm（開啟）	3D列印、雙擠出頭、糊劑擠出頭、銑削頭、雷射模組	✓		Vol.29

電腦割字機比較

機種	製造商	價格（美元）	切割尺寸	離線切割	控制軟體	評測
CAMM-1 GS-24	Roland	$1,995	584×25,000mm		Roland OnSupport; Roland CutStudio	Vol.29
Curio	Silhouette	$250	216×152mm		Silhouette Studio	51頁
MH871-MK2	USCutter	$290	780mm×捲動長度		Sure Cuts A Lot Pro	Vol.24
Portrait	Silhouette	$199	203×305mm		Silhouette Studio	Vol.24
ScanNCut2 CM350	Brother	$299	298×298mm	✓	ScanNCutCanvas	51頁
Cameo	Silhouette	$299	305×305mm	✓	Silhouette Studio	Vol.24
Titan 2	USCutter	$995	609×7,620mm		VinylMaster Cut OEM (PC); Sure Cuts a Lot Pro (Mac)	50頁

THE FUTURE IS BRIGHT

光輝前程

結合多樣化材質，帶出 3D 列印新風貌

文：麥特．葛里芬　譯：七尺布

在積層製造業，製作兩種以上材質組成的部件已不稀奇；然而對家用型3D印表機而言，多年來，這仍是尚在發展中的領域。好消息是：印表機製造商現在提供多種工具頭、能組合多種線材的工具頭，以及第二階段繪記系統（secondary marking／staining subsystem）。複合材質列印有什麼好處值得考慮呢？以下介紹的幾個關鍵領域，能提供令人振奮的新可能。

可列印的支撐材料

每次都為了突起、脆弱表面、跟設計圖差之毫釐的組合部件而改掉原本的設計，你厭煩了嗎？使用可溶解、可拔除、可折斷的第二組材質，能直接從主結構上移除，不只能省下好幾小時的補強工作，還可以實現以前做不出來的設計。多虧這些材料的犧牲，現在3D列印使用者們可以製作出更多種部件，像是內部中空結構、精確原地列印關節、袖珍字體雕刻等等，進一步拓展平價印表機的可能性。聚乙烯醇（PVA，俗稱的木膠或類似成分）可溶解於自來水中；耐衝擊性聚苯乙烯（HIPS）樹脂可溶解於檸檬烯中（小心使用！）；而特殊熱塑性聚氨脂（TPU）材質則可直接用手剝除。

堅硬、Q軟，還是既堅硬又Q軟？

3D列印科技仰賴熱塑性材質的特殊能力，以及與古典物理學分家、易於擠出成型的性質，例如剪率降黏度性（shear thinning）。雖然這種特殊塑膠不是萬能，你仍然可以選擇不同耐受度（堅硬度）的組合來達到許多效果，熱塑性材質的近親熱塑性彈性體（TPE）尤適合做為添加的材料。你可以在同一個部件中結合堅硬和有彈性的材質，讓它更有用。托各種工業級熱塑性聚氨脂的福，如NinjaFlex、易輸出的半彈性材質；較硬的熱塑性聚氨脂、尼龍、聚酯纖維、橡膠化聚乳酸（PLA），使用者現在能探索更多3D列印專題，較受歡迎的如活動鉸鍊、易握把手、可負重的軟機器人與互動介面都在其列。

一樣不一樣

專業的製作者最近開始認識到，同樣的材質在多個擠出頭或噴嘴組合下，能讓工具組開拓多少新的使用方式。托各種切層軟體工具的福，如Cura、Simplify3D與Slic3r 各版本，現在要隨心所欲輸出複合系統一體成形的部件再簡單不過了。製作者只要安裝不同的噴嘴，調整擠出溫度與速度設定，就能夠隨意指定作品任何部位如何設計。相較於從前只能妥協讓單一作品使用同一組設定，這可是大躍進。切層軟體愈來愈往單一目標導向的策略邁進（例如：可調整的填充率、形狀辨識、細微的流量控制等），而複合材質以質量或溫度的微小變化提供多種不同屬性，因此我們會看到複合噴頭（相對於複合材質）列印的領域成為使熱熔融沉積技術進步的重要管道。

嵌入導電材質

複合材質列印方式讓導電材質有機會派上用場，發揮有趣的一面；儘管它們天生電阻值較高。將導電材質嵌入部件表面，就可以在平時難以安裝一般電子元件之處安裝感測器。雖然達成低電阻、高電流的電路，仍需要特殊的輸出與運作硬體；但是只要充分利用低導電性材質的靜電放電安全功能，桌上型3D印表機的使用者在製作封閉電路、製造相關工具、測試器時，就能立即感受到它的效用。

色彩大遊行

色彩這個元素一直都是表達與溝通的創意媒介。如果計劃得當，就算只是把調色盤上的塑膠筆刷增加成兩個噴頭，也能讓你的設計改頭換面。過去有許多桌上型印表機線材供應商，都希望能提供整盒蠟筆般豐富的組合供使用者利用，不過新的商品如Eastman擬膚色系列、Proto-pasta霧面與亮片線材、以及Polyalchemy的Elixir PLA金屬光澤系列等等，不但單獨使用時出色，搭配其他材質效能更佳。

麥特・葛里芬
Matt Griffin
Ultimaker 北美區使用者社群負責人。亦是一位作家、教師，以及3D列印、業餘電子專題等領域顧問。

訣竅

» 從來沒做過這種專題嗎？先把既有的範例實地重現，把自己的設計中需要改造軟硬體或線材的部分都找出來，別急著跟你的全新設計硬碰硬。

» 這些材質能夠接合嗎？先查資料，不然等會可能會在接合時出現障礙。

» 做一個可以快速印出來的迷你樣本參考，來微調列印過程，就能省下一堆塑膠和時間。（我印了小小機器人！）

» 以3MF檔案或類似的相容檔案格式，用單一檔案來輸出各個可以任意調整的部件。這樣一來建檔也變得更簡單了。

» 如果你需要為各個部份輸出個別的STL檔，務必要把檔案名稱分清楚，確保能下載與處理正確的檔案。

» Cura、Simplify3D與Slic3r各版本都能分析複合材質，查查看哪一種最適合你的需求與硬體。

» 確認你的3D設計軟體能輸出各種顏色的立體物品，而非只有表面上色。

» Cura等軟體可以記錄設計軟體中物品的指定位置，這樣一來就能將許多部件自動鎖進位置，不用在3D控制軟體中一一調整。

用單一擠出頭列印複合材質！

Mosaic的Palette+系列，讓幾乎每一臺可列印1.75mm線材的印表機都能列印複合材質——不需要任何微調。將各種線材放進印表機，這個裝置就會立即測量並精確切層，變出色彩繽紛、有彈性、可溶解又堅固的一體成形部件。

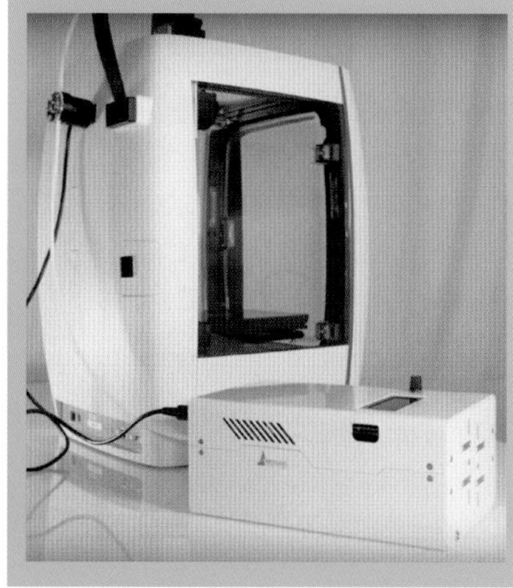

Hep Svadja, Peter Ho, Jacky Wan, MakerBot, Mosaic

PICK YOUR NOZZLE

噴嘴怎麼挑？

有了客製化擠出頭，特殊線材列印成品
不會再傷害你的印表機與列印表現

文：麥特・史特爾茲　譯：七尺布

這些年間，《MAKE》英文官網一直固定經營〈線材星期五〉（Filament Friday）專欄，介紹新的線材選擇供印表機使用，包括亮晶晶的、有彈性的、透明的，還有可重複使用的線材。只不過，我們一直略過某種線材，也就是「填充」線材，如聚乳酸（PLA）、丙烯腈丁二烯苯乙烯共聚物（ABS），或含金屬粉末或碳纖維等添加物的尼龍材質；原因是運用於市售印表機時，它們會使噴嘴損壞、降低列印表現。幸運的是有個解決之道：使用比一般黃銅噴嘴更堅硬，能抵抗磨蝕性材質的客製化噴嘴。噴嘴的選擇很多，要根據你的印表機型號與預算而定。好消息是，許多製造商都使用相同的螺紋組件，所以通常噴嘴都會與你的印表機相容。我們用來測試的噴嘴都從matterhackers.com取得。

不同類型使用訣竅

黃銅

黃銅是標準的噴嘴材質。它的熱反應佳，柔軟度高，易於工業運用／機械處理——換句話說，如果使用含碳纖維的尼龍等材質就很容易讓它磨掉。

不鏽鋼

不鏽鋼經常用於講求精準度的應用，例如醫學器材、機器及各種刀具，因為它既堅硬又能抵抗鏽蝕與腐蝕。處理不鏽鋼比處理黃銅還難得多，因此不鏽鋼材質的部件價格更高，不過卻能有效防止噴嘴受損。

硬化鋼

硬化鋼的製作方式，是將不鏽鋼噴嘴做熱處理及表面處理，使耐受力更高，甚至能抵抗高度磨蝕性的物質。對於計劃要列印大量碳纖維線材的人來說，硬化鋼噴嘴是必要裝備，同時也是我個人推薦的升級首選。

紅寶石

紅寶石與藍寶石在標定礦物硬度的莫式硬度表上僅次於鑽石，它們可以被磨得很平滑，熱性質佳。高級鐘錶業多年來都使用它們製作軸心，因為它們不會損壞，摩擦力又小。因為具備這些性質，所以它們很適合做為3D列印噴嘴，只不過……你要有足夠預算就是了。

Hep Svadja, MatterHackers, Proto-pasta

最潮線材 文：麥特・史特爾茲 譯：七尺布

你終於牙一咬決定升級印表機擠出頭了——不過什麼線材才配得上升級後的擠出頭呢？

尼龍X

makezine.com/go/nylon-x-filament

尼龍非常適合用於3D列印。它耐磨、耐扯、堅固，能承受強大外力而不折斷。不過對許多專題應用而言彈性太大。尼龍X則沒有這個問題，取尼龍之長處，再添加碳纖維以增加硬度。

磁鐵

makezine.com/go/magnetic-iron-filament

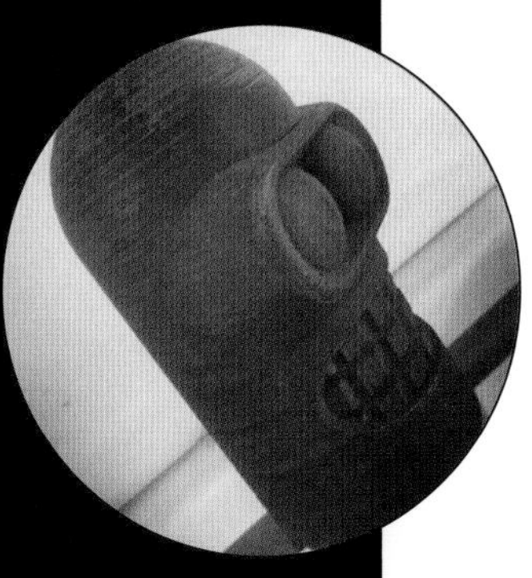

我們曾介紹過Protp-pasta的磁鐵聚乳酸（PLA），不過它真的很棒，值得一再介紹。你能用它搭配各種手法，讓成品產生鏽蝕，大幅提升美感。

螢光材質

makezine.com/go/glowfill-filament

能在黑暗中發光的東西人人愛。ColorFab的ColorFabb's Glowfill聚乳酸／聚羥基烷酸酯（PLA/PHA）混合材質，是市面上最佳的螢光線材之一。但是如同大多數螢光材質，使其發光的添加物（鋁酸鍶，strontium aluminate）都有磨蝕性，所以要用的話，最好換個噴嘴保護你的印表機。

麥特・史特爾茲
Matt Stulz
《MAKE》雜誌 3D 列印與數位製造負責人。他也是位於美國羅德島州的 3DPPVD 及海洋之州 Maker 磨坊（Ocean State Maker Mill）創辦人與統籌，經常在那裡動手做東西。

THE MANE ATTRACTION
鬃毛的魅力

列印過程加入巧思激盪出大量呈現毛髮設計的作品

文：卡里布・卡夫特 譯：曾筱涵

就某些方面而言，3D印表機的機器設計更新速度已稍有趨緩之勢，大部分新機都是重複改進先前的型號——這是成熟市場會有的正常現象，假如你想被稍微驚豔一番，這是你可以探尋的方向：新的列印方式。

橋接間隙

隨著印表機功能愈來愈多，機器性能也更加可靠，網路社群中已有人想出許多有趣的方法，利用印表機呈現特殊的作品。「橋接」功能也就是用熔融後如細線般的線材，在底下無支撐的情況，搭接起有相當距離的間隙，在兩點之間的間隙進行列印，原本僅有非常精密的印表機才有此能耐。現在，幾乎所有印表機都可以橋接不小的間隙，呈現相當程度的可靠性。

過去幾年中，大家汲取橋接的概念，轉換為創作方法之一，用來呈現出作品中的毛髮或毛茸茸的感覺。Thingiverse上有一整個毛茸茸作品系列，你可以直接下載並嘗試列印。

有些範例是幾年前的作品，大多還是相當初階的應用，像是Mark Peeters的「drooloop」花朵（thingiverse.com/thing:240158），相關圖片請見本頁底左下。

這一年多來，相關設計百花齊放，這些作品充分利用橋接列印的過程，呈現出令人難以置信的效果，其中最有名的兩個作品為「Hairy Lion」（thingiverse.com/thing:2007221），表現出生動的獅子鬃毛，以及「Hairy Einstein」（thingiverse.com/thing:2151104，請見本頁底之右圖），可以看到愛因斯坦的一頭蓬鬆亂髮。

這些作品無法輕易列印完成，前置作業的部分也必須留意，作品列印過程包括列印附加結構，用來做為「橋接」時的目標點，列印完成後。你可以將此附加結構移除，接著，用熱風槍為作品的毛髮「做造型」。如此，便能為每個列印成品客製化獨一無二的動人外型。

看到各位用橋接間隙這平凡的列印技巧創作出驚為人天的傑作後，不曉得接下來大家還會在何處絞盡腦汁呢，我非常好奇。

卡里布・卡夫特
Caleb Kraft
《MAKE》雜誌資深編輯，2012年開始擁有3D印表機。喜歡看到可列印設計散發出些許混亂與不協調。

FAITHFUL FUSER
忠實熔合好幫手 用3D列印筆焊接零組件及更多用途

文：克里斯・耶埃　譯：曾筱涵

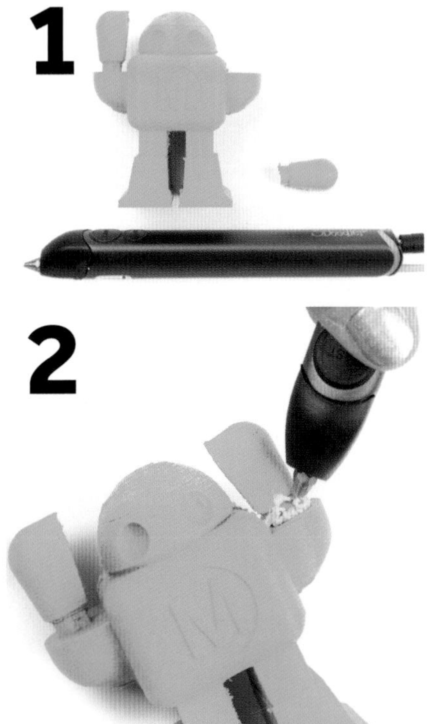

假如你曾投入時間於3D列印，你很有可能抵擋不了3D列印筆的誘惑。基本上，它就是嵌在特大麥克筆內的擠出機，原本定價頗高，時至今日已可見比電影票還低的價格，省去不少入手時的困擾。面對如此令人怦然心動的價位，唯一讓我躊躇不前的就是難易度，也就是要用這臺精細調整過的機器做出完美的列印品，究竟是不是難事，先不提還得憑空創作呢。不過，只要了解它的實際應用方式，你一定也會把這玩意兒納入必備工具之列。

接合兩個物件

這支筆最簡單好用的應用方式就是拿來「焊接」兩個3D列印部件（**圖1**）。首先，開啟電源預熱。列印筆大多只能選用PLA線材，但現在有些筆也有其他選擇，端視型號而定。選擇一段尺寸適合用在你的裝置的PLA，且顏色（通常）要與你欲接合的部件相同。將兩個物件固定到位或夾在一起，確保讓筆易於靠近接縫處。將筆頭對準並貼近間隙，擠入線材（**圖2**），再視需要來回塗擠。第一層線材呈現出的樣子看起來會頗糟，但不要害怕。完成接縫處的焊接後，拿剪線鉗或剪刀，將結成較大團或珠狀的線材修剪掉即可。用筆刀、解剖刀甚至小刨刀小心修整，讓作品表面儘可能地光滑，但不要傷到列印件本身。初步修整後，你可以使用不同粗細的砂紙輕輕打磨縫隙，至其完全平整（**圖3**）。若你發現任何縫隙缺口或較粗糙的區塊，都可藉重複這些動作來填補。另外，使用熱風槍或其他方式提升點溫度，有助於將磨砂表面變光亮。

其他用途

這種接合方式最好不過了，因為你用來接合兩個部件的材料，與零件本身正是同一材質，讓它們接合後整體更為強壯堅固。此外還有個額外好處，你可以給當初嘲笑你衝動購物的人一個購買的正當理由了！

但還有其他實際用途——列印筆的熱端也可用於熔解和移除表面結成球狀的部分，或是粗糙的殘留支撐材料，也有著色功能。另一個當紅的應用就是做為微型打磨之用，你也可以用這支筆來試試低階打磨。

克里斯・耶埃
Chris Yohe
專業軟體開發人員，熱衷於低價數位製造。身兼 3DPPGH 共同創辦人及 Hack Pittsburgh 成員。

CALCULATED CUTTING

文：麥特・史特爾茲　譯：張婉秦

精準切割

5項你應該謹記在心的雷射切割設計考量

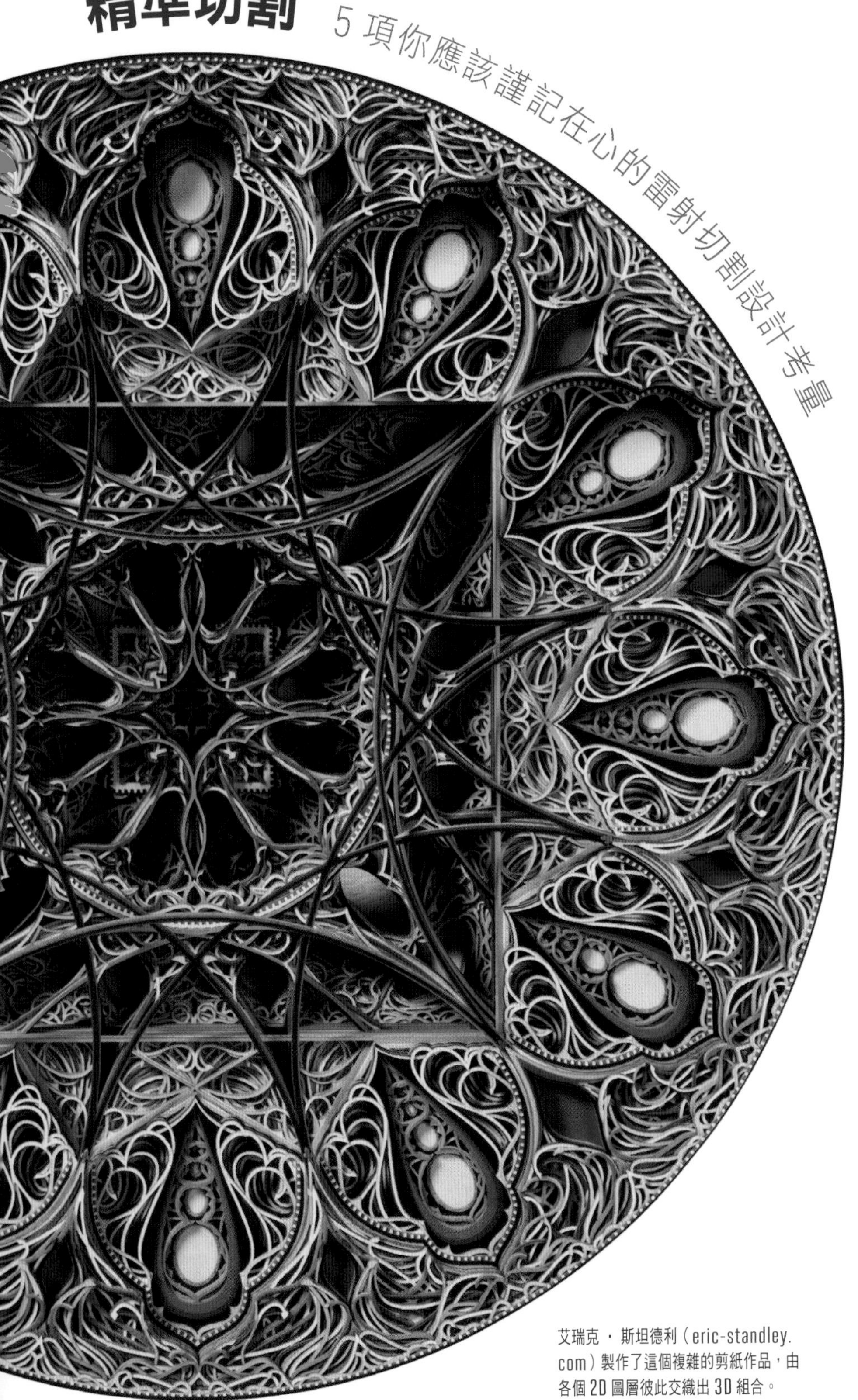

艾瑞克・斯坦德利（eric-standley.com）製作了這個複雜的剪紙作品，由各個2D圖層彼此交織出3D組合。

最近，我們將雷射切割（sculpteo.com/en/lasercutting）納入Sculpteo的服務清單中了。雷射切割有許多優點，包括高精準度、優良重覆性，性價比也令人滿意。但在你嘗試將雷射切割應用於自己的專題前，有些事項必須列入考量。這些注意事項相當重要，且不管是使用我們的服務或家用雷射切割機都適用。

1. 雷射切割只支援向量檔

單純或非向量的圖檔缺乏機器所需的資訊，無法進行雷射切割，一定得是向量檔才行。

第一次接觸CAD（電腦輔助設計）嗎？別擔心，在專門的網站上可以找到現成的向量檔，或是可以找設計師幫忙弄一個。其實，有了Adobe Illustrator、Inkscape或Sketchup等軟體，自己製作向量檔案也不難。不管你用的是哪個軟體，請務必遵從設計原則，取決於你想使用的材料。最後，請確認你的設計檔案格式符合雷射切割服務業者的要求。比方說，Sculpteo接受的檔案格式為.SVG、.DXF、.AI或.EPS檔。

2. 為你的專題尋找適當的材料

每個專題都有其獨特性，必須找到適當的材料才能將設計付諸實現。在開始動手做之前，請先瞭解各種材料的特性。如果你的物件需要暴露在潮濕或炎熱的環境中，那麼紙板或中密度纖維板（MDF）等材料可能就不合適，而壓克力或許是個好主意。相對地，如果你的預算有限，或是專題還在原型設計的階段，那紙板就會是個好選項。

你還必須考慮雷射通過材料時產生的切口或截口，以及你的材料是如何受到雷射光的熱能影響（如產生焦痕、裂紋等）。

3. 將雷射切割設計轉換成雷射切割實品

當你設計完成後，請再想一下，這真的適合雷射切割嗎？過窄的部件、不必要的細節、過寬的表面雕刻都可能會讓專題成本增加，甚至毀於一旦。請記住：若設計時多加留心，不僅省時，也能節省開銷。

聰明的設計師會充分利用材料。請再次仔細檢視你的設計，並去除任何多餘的部分。你也應該移除任何重複的線條。雖然雷射切割非常強力又精準，但是它並沒有大腦，不知道你其實並不想在同樣的地方重複切割。這聽起來似乎理所當然，但是在用軟體畫設計圖的時候還是必須特別注意。別忘了，字體也要向量化，否則它們就不會一起出現在模板中。最後，我們強烈建議減少光柵雕刻（raster engraving）的比重，這種工法特別費時。

4. 將截口納入設計組裝時的考量

雷射切割有一點很棒的地方，就是部件組裝起來很容易。要做到這一點，必須在部件與部件間規劃出最小空間才行。因此，進行設計時要確保能夠預留切割截口的空間。

如果你想讓物件可以彼此固定，就要將截口納入考量，這意味著須將邊框的參數減掉切口的一半寬度，內圈部分則要加上切口的一半寬度。雖然有點費時，但這是做出類似圖4的成果的唯一途徑。

要讓零件連接穩妥，一定要加入節點（node）。節點就是置於物件凹槽或連結處的小突起，可用來補償材料和截口的厚度變化。進行組裝時節點會受到壓縮，在特定位置產生摩擦力；如此一來，就算凹槽變大也能彼此固定，不用擔心零件分家。

為了確保零件穩固組裝，凹槽的兩側都要設置節點，兩兩相對。根據凹槽的長度不同，你可以加入更多節點。這麼做的好處在於降低節點沒對齊或是其中一點不見時可能產生的張力。節點必須要圓滑、長度要夠，連結的效果才會好。根據材料的密度不同，可以調整節點的寬度；材料密度愈高，節點寬度要愈小。

5. 雷射切割也適合打造 3D 物件

雷射切割和3D列印都是非常實用的數位生產技術，設計上自由、成本低廉又快速，供你在專題中任意揮灑。這兩種技術都能做為有力的工具，適合需要快速設計、製作原型、修正和實際生產的設計者使用。如果能結合這兩種技術，那就更有意思了。這就是你發揮創意的時候了！

如你所知，雷射切割可以用來製作2D形狀，但它同時也能做為打造3D物件的有效解決方案，有時甚至比3D列印更適用於你的設計。要使用雷射切割部件製做的話，需要以2D方式來思考、以3D方式組裝。雖然使用雷射切割設計3D物件看似絞盡腦汁，不過也能讓你省下不少錢。

如果你想要更深入了解雷射切割以及不同材料的屬性，歡迎參考Sculpteo所提供的電子書《雷射切割終極指南（暫譯）》（The Ultimate Guide to Laser Cutting），可於他們的網站免費下載（須註冊）。

克萊門特・莫羅
Clement Moreau
Sculpteo 線上 3D 列印與雷射切割服務的共同創辦人暨 CEO，以舊金山和巴黎為據點。擁有巴黎中央理工學院工程學理科碩士學位。

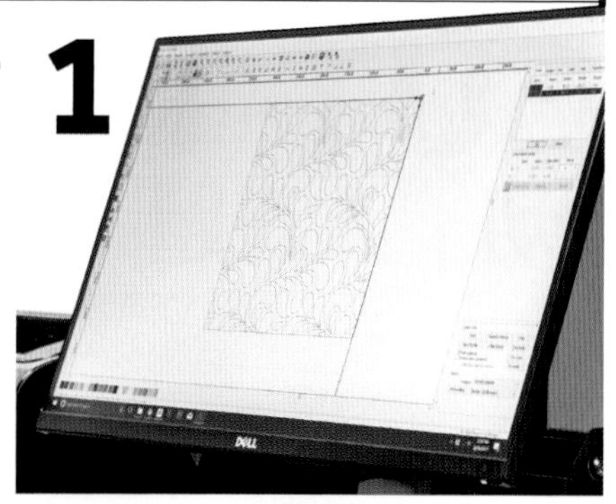

如果你想要瞭解如何製作此照片中的形狀，同時又能節省材料和運用截口，Sculpteo 在 sculpteo.com/en/lasercutting/prepare-your-file-laser-cutting 上提供了該主題的特定教程。

Eric Standley, Hep Svadja, Sculpteo

CUT TO THE CHASE

文：卡里布・卡夫特
譯：曾筱涵

「切」入正題 為何買3D印表機前該先買雷射切割機？

雷射切割機可以切割、蝕刻或雕刻各式各樣的材質，例如布料、塑膠或玻璃。

卡里布・卡夫特
Caleb Kraft
《MAKE》資深編輯，自造成癮。維持注意力集中的能力像貓一樣弱，導致他喜歡追尋製作原型最快速的方式，也喜歡追逐雷射光點。

過去十幾年來，我一直積極撰寫與Maker運動相關的文章，也很幸運能見證許多駭客空間、Makerspace、FabLab和其他空間的誕生。這段期間，我也看盡各種流行的興衰起落，不論是在組織架構或設備方面都一樣。

每個月我至少會遇上幾次這種情形，總會有要在學校、圖書館或當地社區增建Makerspace的人問我，有沒有什麼開張必備的好設備，而我的回答總是令他們感到驚訝。

幾乎每個人都期待從我口中聽到：「3D印表機。」看來，印表機在任何與Maker相關的活動中已不可或缺，而且無庸置疑，真是不可思議。印表機能製作其他設備無法呈現的東西；不僅如此，它們還能吸引人潮，若想吸收更多會員加入空間，這絕對是個亮點。

儘管如此，我並不推薦3D印表機做為首購設備，假如你只能買一項設備，我會推薦雷射切割機，以下是我將雷射切割機列為設備清單之首的兩大主要原因：

動作快速

學生或Maker可以將他們的設計傳送到雷射切割機，幾分鐘內就能完成切割。即使是繁複的雕刻工作，也能在多數人願意坐下等待的時間內完成。但立即獲得成品並不是唯一重點，機器運作速度快還能讓更多人在較短的時間內使用同一臺機器。

每次我聽到有學校買下3D印表機後，卻發現每天只夠讓一位學生完成一次列印，我都很難過，這次數還得假設列印沒有失敗，不需要重新來過。

操作簡單

繪製雷射切割設計圖比起設計整個3D模型還容易入門，使用開源或免費的工具軟體如Inkscape，便能將簡單的塗鴉轉換成圖檔，進行切割。初入門的新手在切割時離開現場喝杯咖啡，也能得到專業級的成品。

你也許會爭論，有些人的設計也可以讓3D印表機簡單又快速地產出作品，但至少在我的經驗裡，這種情形還未曾發生。這項設備的學習曲線相當陡峭，列印所耗費的時間也往往讓新手為之震驚。

Hep Svadia/Shot on location with Josh Jakus and Elizabeth Woll of Automatic Arts [automatic-arts.com]

ENGRAVER ENHANCEMENTS
雕刻機再升級

利用這些小技巧和改裝手法讓便宜的K40雷雕機更上一層樓

文：泰勒・溫嘉納　譯：曾筱涵

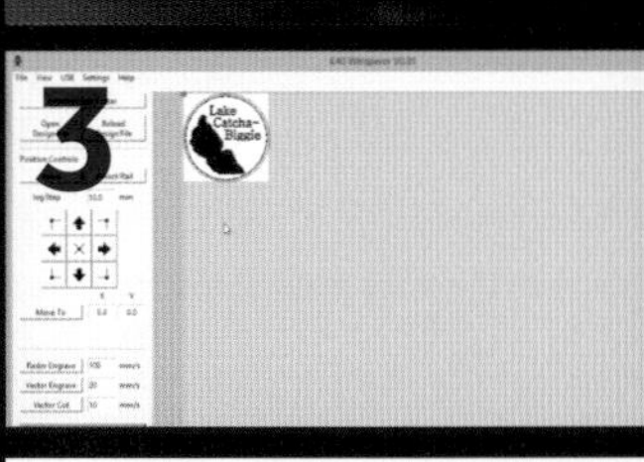

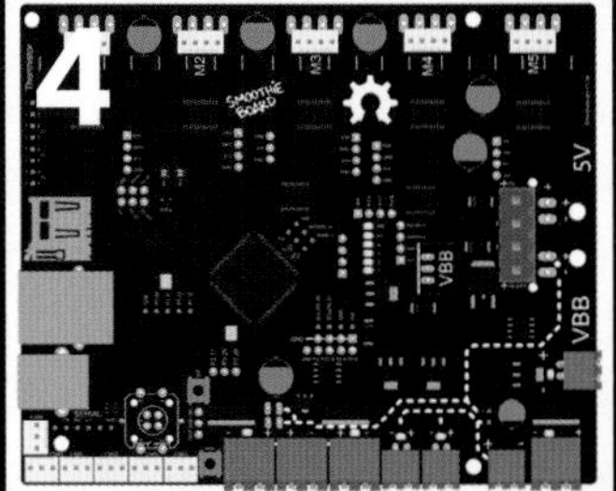

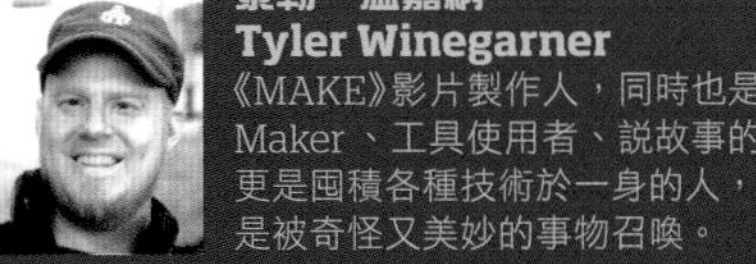

泰勒・溫嘉納
Tyler Winegarner
《MAKE》影片製作人，同時也是名Maker、工具使用者、說故事的人，更是囤積各種技術於一身的人，總是被奇怪又美妙的事物召喚。

半專業的雷射切割機在過去幾年已大幅降價，但5,000美元仍是筆為數不小的投資。這裡來談談K40－功率40瓦的CO2雷射雕刻機，通常販售於eBay，有8"×12"的小型工作區域，定價不到五百美元，許多人會疑惑：「這臺機器會有多爛？」以及「這臺機器能有多好？」

K40如此省錢是來自其便宜的零件和各種偷工減料，設備安全的部分也少有著墨——其實，操作任何雷射設備時，滅火器絕對是必備品項，你還需要一副CO^2二氧化碳雷射護目鏡。另外，它的抽風扇無法排出大量氣體，排氣管的材質為薄塑膠——這兩部分都可以再改善升級，尤其若你想切割大量易燃材料更需如此。

K40的應用軟體LaserDRW不好入門，即使你已熟悉其他切割軟體亦同。將同一機臺的切割和雕刻模組組裝好也是項挑戰，它的軟體只能輸入點陣圖，無法支援向量檔，每個功能的標示都頗令人困惑，而且非直覺式設計。此外，雷射本身並非透過軟體控制，而是透過控制面板上的旋鈕——若你想找可重現性佳的設備，這點須納入考量。好消息是，你可以幫這臺設備升級，以下選擇供你參考：

1. 替換平臺

滑軌夾具系統是夾持工件既簡單又有效的方式，不過它尺寸不大，也侷限了材料的適用範圍，你只能切割較薄且堅硬的材質。將平臺替換為擴大的鋼製格柵板，再搭配可調式Z軸系統。

2. 擴大龍門架

K40的外殼對8"×12"的工作區域來說相當大，將電源供應器和控制面板重新配置到機殼外，便能擴大龍門架及切割區域。

3. 使用 K40 WHISPERER

使用此開源軟體取代LaserDRW做為控制板的軟體驅動程式，該軟體呈現方式更為直觀，可載入向量圖，無須安裝其他硬體驅動即可動作，雖然目前仍有不少錯誤，隨著時間推移想必會有所改進。

4. 使用 Smoothieboard

你也可以換掉整個控制板，另尋出路，避開原軟體帶來的困擾。Smoothieboard正好為你指引一條明路，提供各式各樣的開源軟體供你選用。

最終，你還是無法把這臺機器改成Glowforge，但你因此能以不到500美元的價格，獲得一臺實用、可擴充升級的雷射切割機，這點實在不容小覷。假如你有時間幫機器稍做改裝，沒預期要量產作品，K40會是你添購設備時的好選擇。

Hep Svadja

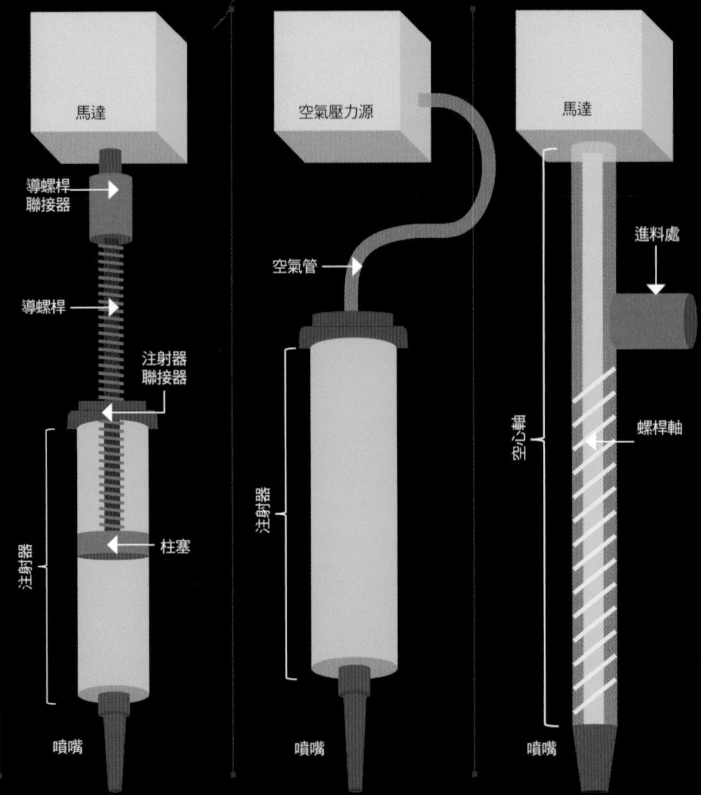

糊狀複製 COPY IN PASTE

文：查爾斯・米爾　譯：曾筱涵

以液體為基礎的列印材料提供更多材質及用途選擇

塑膠材料已在整個3D列印市場佔據主導地位，原因很簡單，大家對塑膠已有充分理解，其加工處理也相當容易，可馬上進行實際應用。但我相信，糊（膏）狀材料興起的時代即將來臨。

材料優勢

糊狀材料的初始樣態為黏稠液體，而非需進一步加工成線材的硬式材質，此關鍵特性意味，與一般線材相比，糊狀材料的材質配方能有更多變化，選用材質可能包括彈性體（矽樹脂、乳膠、聚氨酯）、黏土（包括金屬黏土，列印出來後可燒結成純金屬）、生物材料、蠟、電子墨水、食品和塑膠。此外，糊狀材料通常儲存於密封容器，可大大減少列印空檔材料與空氣接觸的時間。這也表示，它的保質期限比一般線材還長。

糊狀材料的應用範圍相當廣泛，橡膠可用在鞋子和墊圈，矽膠可用於醫療儀器，陶瓷則可做特殊的高溫應用。糊狀材料還能呈現導電特性，可應用在電路板、衣服或其他表面的列印；目前也有大量研究針對生物材料於醫藥方面的應用。如此廣泛的材料範圍，也將3D列印向前推進了一步。

使用糊狀材料

有些設計使用糊狀材料列印非常成功，但對部分設計來說，也許會是個挑戰。鞋墊就是非常理想的應用，因為鞋墊是平的，沒什麼難處理的構造。像是花瓶這樣的物件就有點挑戰性了，尤其是較高大且瓶身有鼓起部分的花瓶。不佳的列印成果通常有幾個特點，包括懸垂的部分、壁厚不足以支撐較高大的列印件重量，或者列印件是由多個不規則形狀結合而成。不過，這些難題並不表示太複雜的物件就無法列印，有個方法可列印設計繁複的物件，那就是將最終的列印成品分塊列印，列印完成後再將各區塊黏起來。

查爾斯・米爾 Charles Mire
過去十年致力鑽研3D列印軟性材料，除了經營Structur3D Printing，也喜歡花時間陪伴家人，沉浸在加拿大戶外。

使用糊狀材料的列印速度比起一般線材慢，你可以調整噴嘴大小、列印層厚、壁厚、填充量及樣式，找出最佳化的列印設定，獲得高品質的糊狀列印成品。我們已將Slic3r基礎設定發表於論壇（forum.structur3d.io），適用於我們主要使用的列印材質。只要好好記錄，你也可以發展出自己的最佳化設定。

列印材質需足夠堅硬，以支撐整個形體。蜂蜜列印效果不佳，以蛋糕糖霜列印效果卻不錯，我們已把改良後的皇家糖霜配方分享於論壇。用食物當糊狀列印的材料是個不錯的開始，原因很簡單：食物價格不高，應用範圍也非常廣。

糊狀列印和使用一般線材列印類似，好處是糊狀材料的材質能有上千種變化方式，且客製化3D列印明顯是個優勢，糊狀列印的應用範圍變得愈來愈廣也只是早晚問題。

Structur3d

PIMP MY PRINTER

文：萊恩・皮歐列　譯：曾筱涵

印表機大改造 讓你平淡無奇的低廉設備發出萬丈光芒

雖然說很多情況下是一分錢一分貨，但這裡有幾個快速廉價的改裝法，可以將機器從入門款改造為尊榮款，開始動作前，請先找個和你印表機相關的線上論壇或社群媒體，改裝過程會弄髒你的雙手，捲起袖子上工吧：

1. 注重安全

暴露在外的電子組件或主要電線，應收容於適當的外殼內，並保持通風，假如機器斷電唯一的方式是直接拔除系統電源，那就該加裝保險絲開關（或簡單加個有開關功能的延長線），控制板上的連接器若容量錯誤或不足（例如：印表機熱床可能電流為11A，卻接了10A的電線接頭），也該以適當的規格替換之。

2. 選擇軟體

供應商推薦的切層軟體可做為參考——但我發現自己還是較常使用Cura，網路上有許多社群使用者的分享，他們針對自己使用的特定機型，介紹自己最喜歡的切片軟體。

3. 升級韌體

你收到機器後，製造商或社群也許會發布重要的韌體升級，升級內容將影響印表機的列印功能，或稍微改進機器的工作性能（例如：提升運作速度、調整PID值等）。

4. 降低部件溫度

列印PLA材料時需降溫，加裝冷卻風扇可改善你的列印成品，將風扇插入控制板上的可程式控制連接埠，也可以加裝內嵌開關，手動控制風扇開／關。

5. 新增 SD 卡支援 LCD 列印介面

列印時還要連接你的桌電或筆電實在是太2012年代了，取而代之的是，你可以加裝LCD介面及SD讀卡機，便能控制基本的印表機操作，傳輸檔案進行列印。熱門的RAMPS控制板選項包括RepRapDiscount的智慧控制板（Smart Controller）以及全圖形化（Full Graphic）控制面板。

6. 升級印表機熱端

強大的熱端（例如：E3D的v6熱端）可以減少噴嘴堵塞的情形，不過你可能需要改變印表機韌體的溫度感測參數及PID值，組裝完成後再調整熱端。

7. 改善列印平臺

在列印平臺上安裝一片玻璃（至你所在地的五金店客製化裁切），再搭配平臺附著輔助工具（例如：BuildTak、PEI板）以確保列印面平整，你可能需要調整Z軸的靜止點，多加點空間，以補正新列印平面額外增加的厚度。

8. 安裝可讓運作更靈活的螺桿

以Acme螺桿替換XY-Z機型（大部分3D印表機都是）上的全螺紋M5或M8螺桿，將Z軸目光可及的部分清潔一番，加強x軸與y軸軸承，讓機器如奶油般滑順地呈線性移動。

9. 無線應用

在你最喜歡的單板電腦上安裝OctoPrint軟體和網路攝影機，讓印表機增加遠端監控功能。

萊恩・皮歐列
Ryan Priore
光譜學家及光子學企業家，3DPPGH共同創辦人，HackPGH會員。他曾調侃自己白天是個資本家，晚上則是開源軟體狂熱分子。

Hep Svadia

Inventables X-Carve 集塵配備

YOUR GAME

精益求精 透過這些升級方式為你的舊機器注入新生命

每年我們都會列出新的3D印表機、CNC機器和其他好用設備清單；不過，最好用的有時還是你現有的工具。以下針對我們先前討論過的部分機種提出更新及升級方式，至今這些機種都還是我們的心頭好。

ULTIMAKER 2 系列 1.75mm 線材轉換器

thegr5store.com

2.85mm線材的來日不多了，我個人就來當它的終結者。目前有兩家製造商大力維護它的存在，Ultimaker和LulzBot。我是這兩家產品的愛好者，知道使用原本的LulzBot和Ultimaker 2印表機，就能成功執行1.75mm列印。不過，為了獲得較佳的列印件強度與品質，最好有相匹配的硬體，目前有一組套件可轉換Ultimaker 2+系列產品，使其完全適用於列印1.75mm線材，同時將我們最喜愛的印表機品牌使用2.85線材這件事一了百了。

CARBIDE 3D 新軟體 CARBIDE COPPER

copper.carbide3d.com

我們測試Nomad 883好幾年了，非常喜歡，桌上型CNC能讓工作區域維持整潔，整體看起來很棒。今年CARBIDE 3D推出一款新軟體 CARBIDE COPPER，這款新App的目的是：銑削PCB。我試用後發現，這真是有史以來使用桌上型銑床客製化PCB最簡單的解決方案，我真的很希望能有一層功能可自訂電路板形狀，如此便能用同一個軟體處理所有工作；不過，他們幫所有顧客瞬間免費升級功能，就別太苛責了。

PRUSA RESEARCH 推出 PRUSA I3 2.5 升級套件

shop.prusa3d.com

PRUSA RESEARCH發表I3 MK3後，許多使用者只能盯著他們手邊的MK2/S機器望洋興嘆，幸好PRUSA團隊推出一款升級套件能為機器增添新功能。2.5套件包括附有可拆卸彈簧鋼板的新列印平臺、新的線材偵測器、PINDA 2以及其他零配件，讓你就像新買了臺MK2/S印表機一般。

INVENTABLES 新軟體 EASEL PRO 和集塵設備

inventables.com/technologies

比起3D列印，CNC作業的一大缺點就是粉塵漫天飛，讓環境更髒亂。良好的集塵系統是保持潔淨的一大關鍵，然而這就是X-Carve系列機器缺少的部分。現在，INVENTABLES推出集塵罩和軟管，讓你輕鬆為X-Carve加裝吸塵器，維持環境清潔，這對專業使用者來說非常重要。INVENTABLES還有另一項針對專業使用者推出的更新，那就是新軟體EASEL PRO。該軟體鎖定以X-Carves謀生的使用者，包括各種優化以及零件嵌套等功能，將你的CNC機器發揚光大。

TORMACH 440 自動工具替換裝置

nouncementmakezine.com/go/tormach-tool-changer

替換工具是進行CNC作業最容易出錯的時候，進行複雜的工作時，替換工具便顯得耗時，Tormach過去曾針對他們的大型設備推出自動工具替換裝置，但好用的440至今都還沒有此一選項。若你閱讀我們在《MAKE》國際中文版Vol.29對440的評論，你就知道它根本就是頭在小機殼裡的野獸──增添工具替換裝置著實為那些想用這臺機器進行大工程的人指引一條明路。

麥特・史特爾茲
Matt Stultz
《MAKE》數位製造編輯，3DPPVD、Ocean State Maker Mill 及 Hack Pittsburg 創辦人。

It's in the Stars
自製星空圖
用雷射切割重現人生難忘時刻的星空！

文：喬・史班尼爾　譯：謝明珊

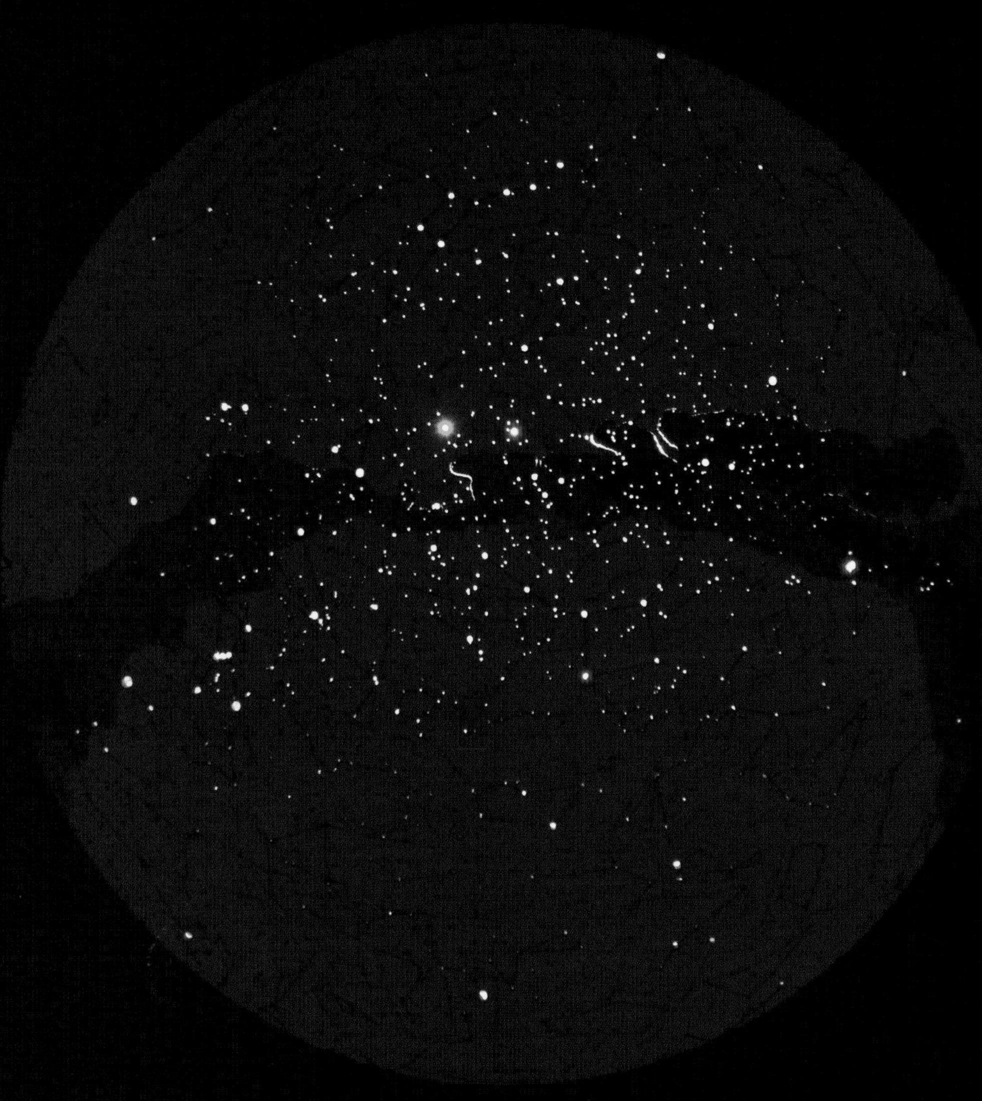

喬・史班尼爾
Joe Spanier
一位工程師、父親，熱衷動手做和CNC操作。另一身分為當地Makerspace River City Labs的總裁。（rivercitylabs.space）

時間：
一個週末
成本：
100～120美元

材料

» **RGB LED 燈串（6'）** 我使用的燈串附贈遙控器
» **22ga 電線** 我使用4種顏色，每條約4'
» **銲錫和助焊劑**
» **中密度纖維板（MDF板），2'×4'，厚度3/4"** 作為隔片，3片1/4"合板黏在一起也可以
» **樺木合板，可雷射切割，2'×4'，厚度1/4"** 你會需要2.5片，所以買3片
» **木質防撞條，1'長** 可以包覆整個外框
» **噴漆，** 我偏好Krylon或Rustoleum，主色、底漆和透明漆都要相同品牌
» **木工膠**
» **砂紙** 我用220號砂紙搭配掌型磨光機
» **油漆膠帶** ScotchBlue的膠帶很適合這個專題
» **1/2" 螺絲** 固定LED燈串用
» **兩腳釘**

工具

» **雷射切割機和軟體**
» **剪線鉗和剝線鉗**
» **烙鐵**
» **找人幫忙**
» **鑽子和鑽頭**
» **螺絲起子**
» **斜切鋸（miter saw）或輔鋸箱（miter box）**
» **不起毛布**
» **酒精，例如丙醇**

結婚週年快到了！我需要特別的禮物，而且按照我的風格，當然要自己做。我找朋友幫忙，搞了一陣子終於完成星圖產生器草稿碼，幾天後，我做好有史以來給老婆最棒的禮物：一個會發光的LED天空模型，重現我們結婚那一天的星空。以下是我的做法。

1. 設計星圖

我採用armchairastronautics.blogspot.tw/p/skymap.html d3天體互動式網頁，鎖定特定日期和時間的天空，加上客製化Python草稿碼，產生星圖並輸出SVG檔案。如果你想要冒險，對於Python瞭若指掌，不妨試著自己做草稿碼，得出特定日期和地點的星圖，不然就用https://cdn.makezine.com/make/NorthernHemisphere.zip我的北半球天空檔案。

2. 處理 SVG 檔案

從我的草稿碼輸出的SVG檔案（圖A），用Inkscape軟體開啟的效果不好（圖B），但大多數雷射切割機都少不了Inkscape。不同的物件被分類而非分層，所以我們要自己加上層次，如此一來，不同的層次在雷射軟體就能對應不同的流程，我是分成4層，命名為網格（Grid）、星星（Stars）、星座（Constellations）和銀河系（Milky Way）。

3. 製作背板和框架

首先，裁一片1/4英寸厚的合板，作為專題的背板。我的框架尺寸是30×22英寸，因為我希望星圖愈大愈好，就算最小的星星也能透光。

4. 裁切隔板

我用CNC雕刻機把3/4英寸MDF板裁成隔板，給LED一些漫射的空間，但厚度必須掌握好，讓LED遙控器有容身之處。任何堅硬的材質都適合，例如把三片合板交疊黏起來也行，如果是遙控燈座，記得要留電線或紅外線接收器的凹槽。

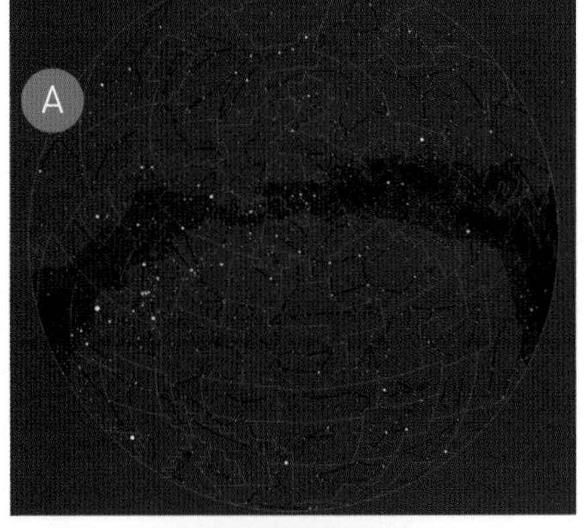
A

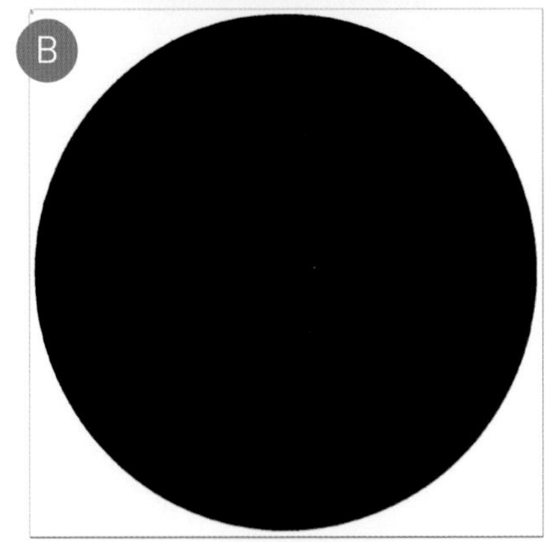
B

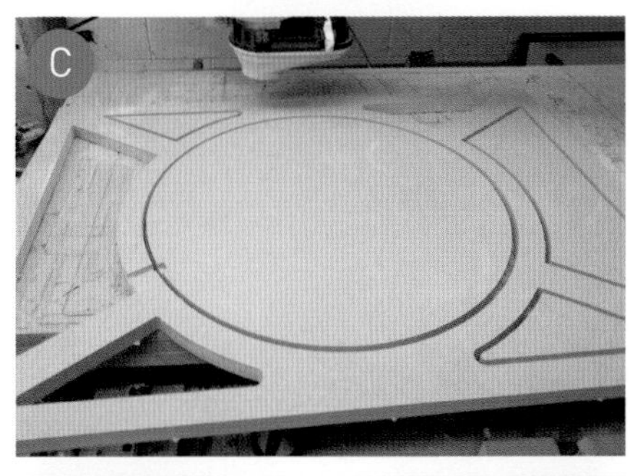
C

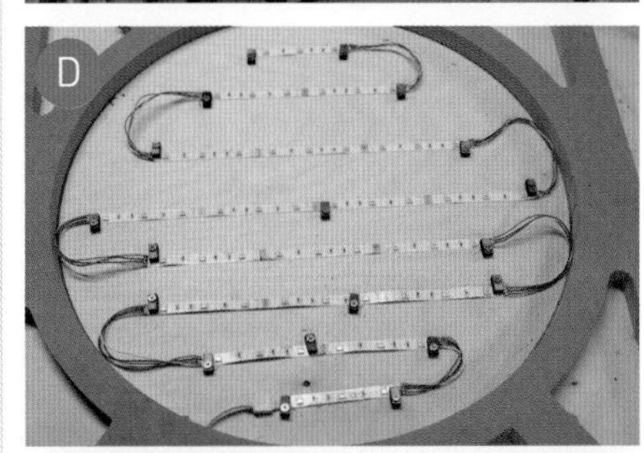
D

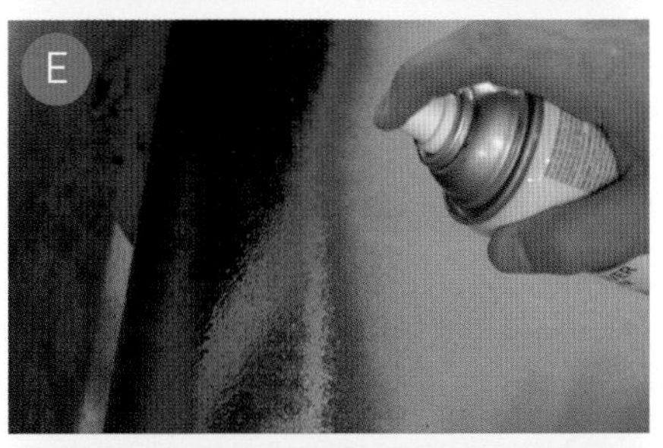
E

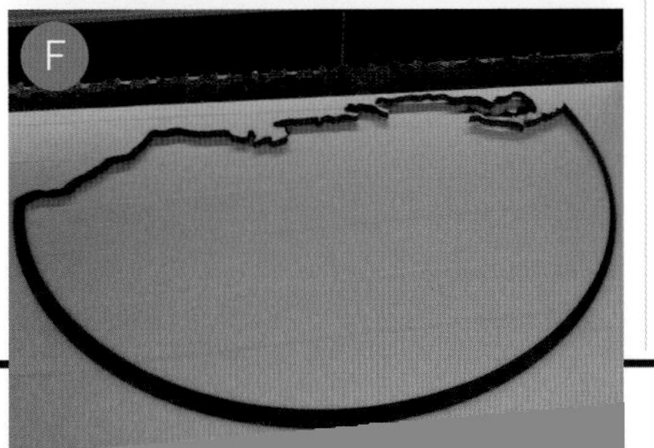
F

注意：隔板的內徑必須比星圖的外徑小一點（圖C），這有助於黏合星圖，避免燈光從邊緣外洩。

5. 確認 LED 配置

只要在切線範圍內，LED燈串能放多長就放多長。我的燈串平行間隔是3英寸（圖D），光線就會很平均也很亮，最好先做測試再黏合，調整到符合你的需求後，就先做好記號，焊接跳線來連接燈串，我的適用3～5英寸電線。

6. 裁切背景板

找一片最好的樺木合板，裁成專題的最終尺寸，再雷射切割出和你的星圖同樣大小的圓形，稍微打磨和噴漆（圖E），我喜歡幫裸木上底漆，上個1～2層打磨底漆。別忘了打磨底漆和透明漆都要用同一個牌子，效果才好。最後還要上2～3層透明漆。

7. 無止盡雷射切割

我用油漆膠帶覆蓋，以免煙沾到合板面光的那一面。我的星圖主要分成下列幾層：

a. 切割星星
b. 向量蝕刻的天文網格，淺蝕即可
c. 蝕刻星座，顏色較深
d. 銀河系——我把這個分成5個層次和動力設定，每一層都以點陣圖蝕刻，順序是從比較淡的層次開始，逐漸往比較深的層次。

我必須把星圖一分為二，因為我找不到既適合雷射切割、內層堅固，大小又能容納整個星圖的樺木合板。我只好沿著銀河的上緣，將星圖一分為二（圖F）。

完成切割後（圖G），把膠帶移除，用不起毛布（lint-free cloth）沾點丙醇清除剩餘碎屑，接著拿塗背板的透明漆，在星圖上塗個2層，以免受潮。

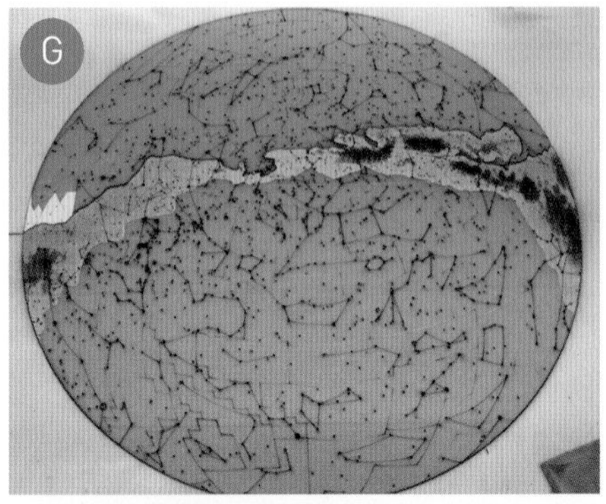

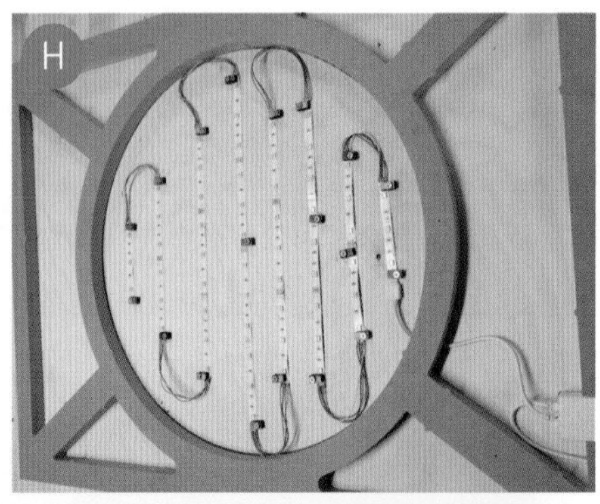

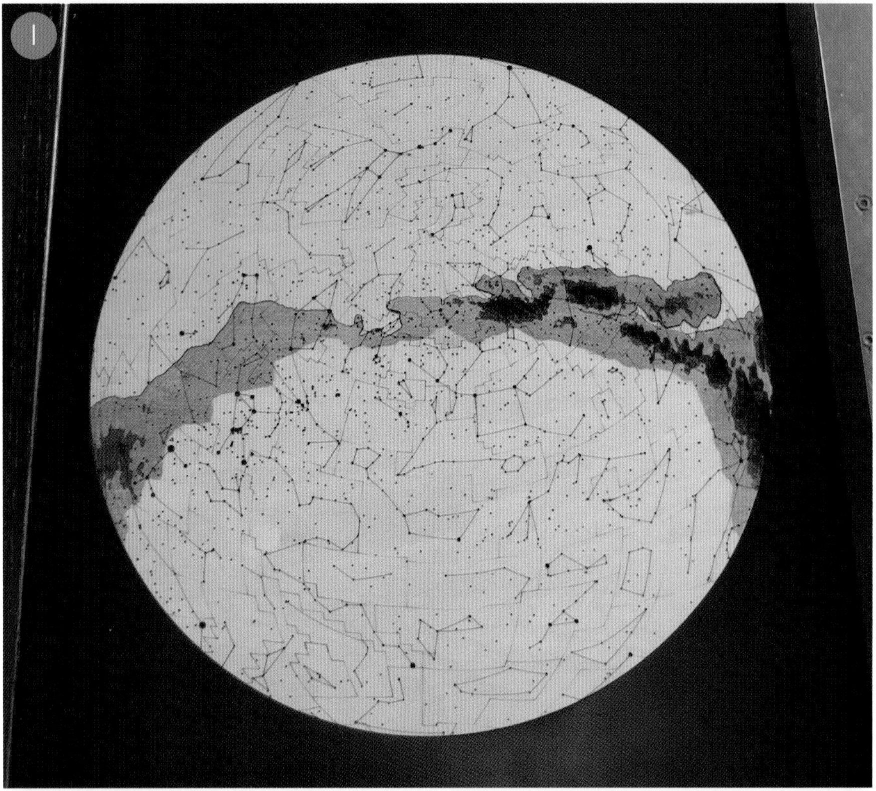

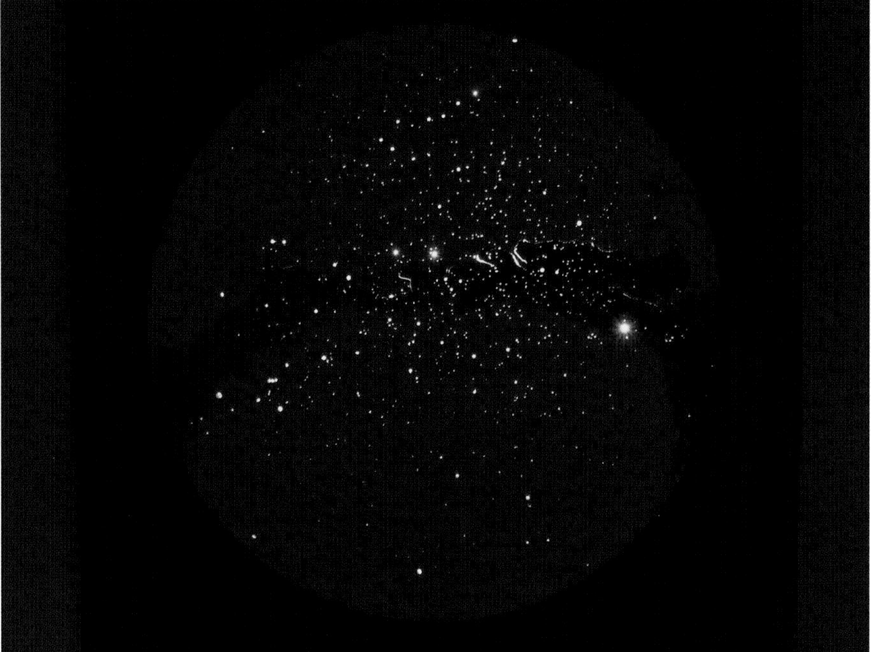

8. 組裝

依照你在背板所做的記號，排列LED燈泡和整理電線，用夾子加以固定（我特別用雷射裁切長條，在上面鑽幾個螺絲孔），但千萬不要把燈串掐得太緊，記得打開電源測試成功後再進行下一步。在框架背面塗上黏膠並固定到背板上，一樣記得不要掐住電線（圖H）。放置LED遙控器（如果有紅外線接收器也放進去）。

在框架另一面塗上黏膠，把背景板輕輕放上去，調整到適當的位置，確保星圖的圓圈在正中央，邊緣平均分布。在噴漆乾掉的表面鋪上柔軟的布料，從上面施加一些壓力，確保整個表面是平整的，壓一整晚讓黏膠乾掉。

裁切邊緣以對齊邊框。我會用幾滴黏膠和兩腳釘固定，注意有沒有任何地方需要補漆，如果邊框稍微露出來，就稍微補個底漆藏起來。

9. 黏好星圖

在內框邊緣擠一點黏著劑，把星圖輕輕放上背景板，擠壓到黏著劑上，好了再塗上一層透明漆，放置風乾（圖I）。

大功告成！

將星圖掛在靠近插頭的地方，這樣會比較容易點亮LED，不過這個星圖可能很重，所以要審慎規劃怎麼掛。

It's a Wrap 水轉印外裝 文：尚恩．格萊姆斯　譯：編輯部

用水轉印為3D列印作品添上花紋！

「水轉印」（hydro dipping）可以輕鬆為你的3D列印成品加上圖案，披上一層「皮膚」。透過水轉印薄膜，就能將漂浮在容器中水面的圖案，轉印到幾乎所有立體的物品上。從1980年代，業界就已開始使用這種技術製作客製化的汽車或機車零件，而最近這個技術也開始在3D列印迷之間風行。

附圖案的透明膜可以從網路購買。輕輕把薄膜放在水面上，用催化溶劑噴在上面，催化劑會溶解薄膜，只留下墨水漂在水的表面上，等著被黏到3D列印成品上。當你慢慢把3D物體浸入水中，水的表面張力會讓圖案沿著物體的輪廓彎曲。

步驟：

1. 首先，要找通風良好的地方製作。可以為3D列印成品先噴上底漆，也可以不上。

2. 裁剪薄膜，大小要足夠包覆你的成品（圖A）。

3. 依成品不同，可能會需要在底部黏貼一個小把手。冰棒棍就很好用了，不過隨手用身邊的廢棄材料或拿一段膠帶纏起來都可以充當把手。

4. 在桶子或缸子裡注滿室溫的水。我另外用了膠帶固定圖案邊緣，讓它待在水缸中間以免碰到容器邊緣。戴上手套，將水轉印膜放置於水面，可溶解的那一面朝下（圖B）。（把手指沾溼摩擦薄膜，測試看看是哪一面。）

5. 等候2到3分鐘。薄膜溶解過程中，圖案會漸漸形成皺褶（圖C）再舒展開來。要等到這個過程結束，再噴上催化劑。

6. 將裝催化劑的罐子用力搖一搖，在圖案上方輕輕一噴，讓它產生黏性（圖D）。大約10到20秒之後，它會出現光澤，代表可以準備好附著到物品上了（圖E）。

7. 握好物品的一端（或是你剛剛固定的把手），把它浸到水缸裡，讓圖案慢慢包覆它（圖F）。接著把物品轉一轉，切斷剩下漂浮的墨水。

8. 將成品拿出來，放置隔夜風乾（圖G）。

其他做法： 最後可以再噴一層表面處理漆（看你要選亮面或霧面），保護你的成品。

時間：
15～20分鐘
成本：
40～45美元

材料

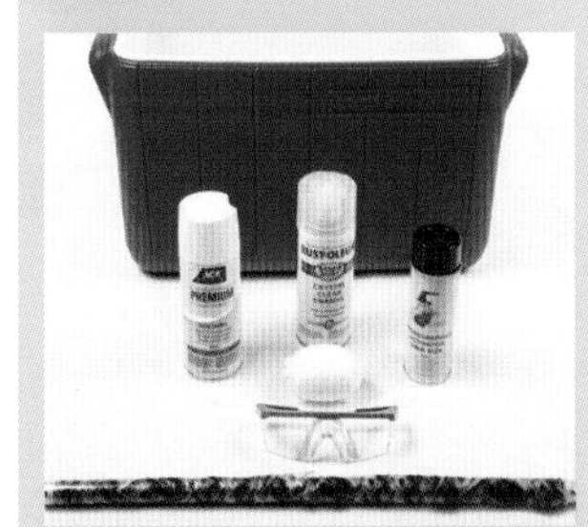

- **薄膜** Infectedhydro.com和dip123.com都能買到印好圖案的薄膜，或者從prostreetgrapgix.com噴墨印製自己想要的圖案的薄膜
- **催化劑**
- **3D列印物體**
- **水** 室溫
- **白色底漆（非必要）**
- **透明底漆（非必要）**

工具

- **桶子或水缸** 要寬到能將薄膜整片放進去，深到能將3D列印物體完全放置進去
- **橡膠手套或丁腈手套**
- **廢木材、冰棒棍、膠帶等（非必要）**
- **熱熔膠槍和熱熔膠（非必要）**

A

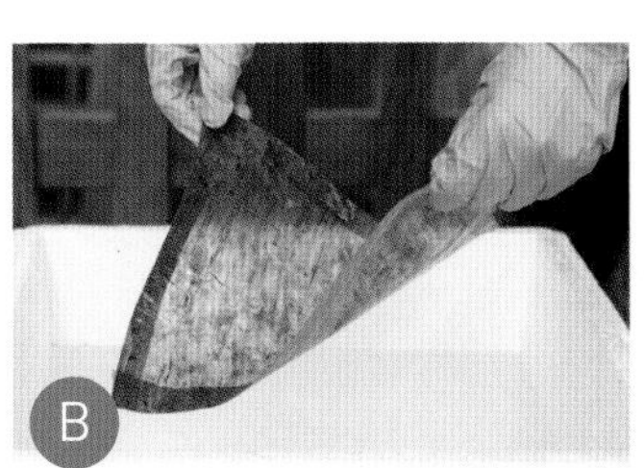
B

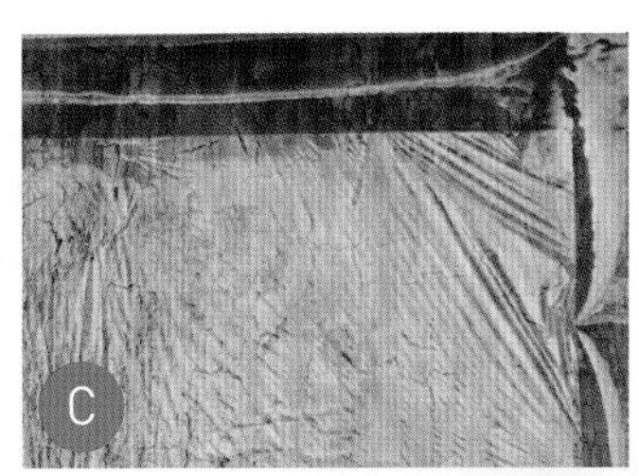
C

D

E

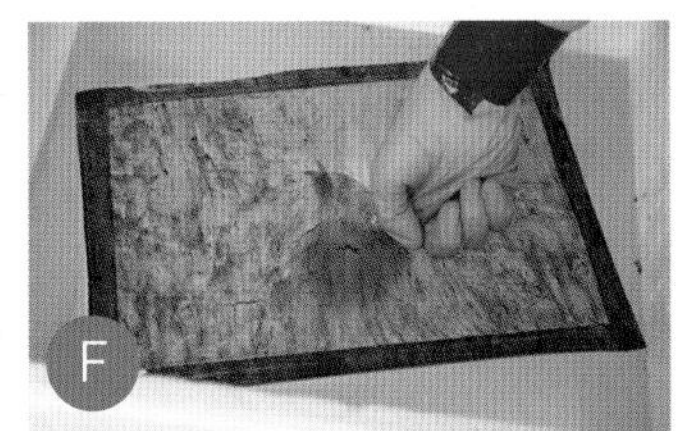
F

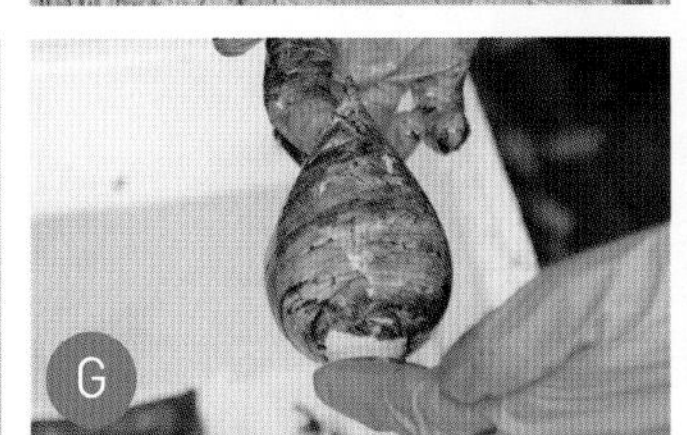
G

尚恩．格萊姆斯
Shawn Grimes
數位避風港基金會（Digital Harbor Foundation）執行長，利用自己的Maker技能，致力於協助青少年和教育工作者激發創意和生產力。

Hep Svadja

CNC Step Stool

CNC板凳

輕鬆製作傳家寶留給下一代

文：麥特・史特爾茲　譯：張婉秦

麥特・史特爾茲
Matt Stultz
《MAKE》雜誌 3D 列印與數位製造負責人。他也是 3DPPVD 、海洋之州 Maker 磨坊（Ocean State Maker Mill）及 HackPittsburgh 的創辦人。

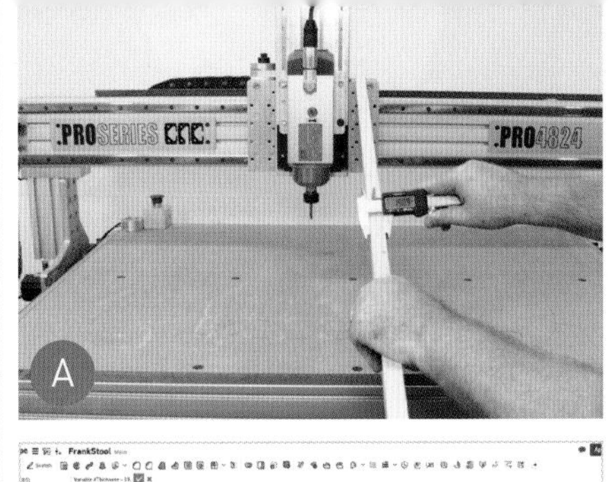

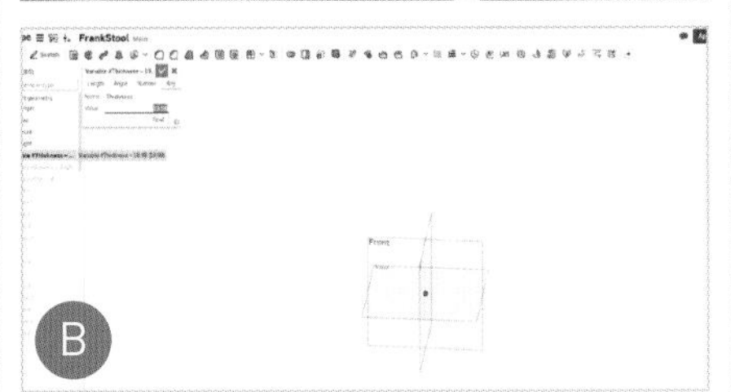

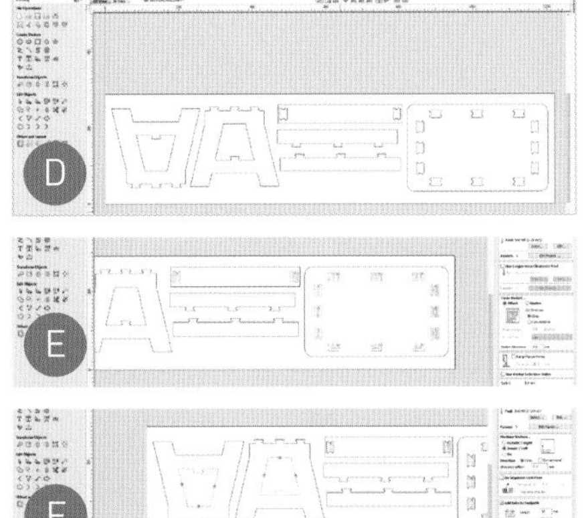

時間：
3～4小時
成本：
20～50美元

材料

» **木材，最小 44"×11"** 如果你的 CNC 工具機比較小型，需要將部件分開以配合機器作業，那就需要大一點的木材。我選用白楊木，因為不貴、容易裁切，而且美觀，不過你可以挑選任何想要的木材。

工具

» **CNC 雕刻機** 能夠裁切 380mm×230mm（～15"×9"）
» **雕刻機鑽頭，直槽切割，$1/4$"**
» **CAM 軟體** 我使用 Vertric's VCarve。如果你是駭客空間或 Makerspace 的會員，務必去這些空間搜尋看看
» **OnShape 雲端 CAD 軟體**，Maker 免費使用
» **鑿刀、小型鋸子，或是其他尖銳利器**
» **砂紙**
» **木槌**
» **木工膠**
» **眼耳防護用具**
» **塗黏著劑用的小刷子（非必要）**，用紙巾或手指也可以
» **桐油（非必要）**
» **油漆或著色劑（非必要）**

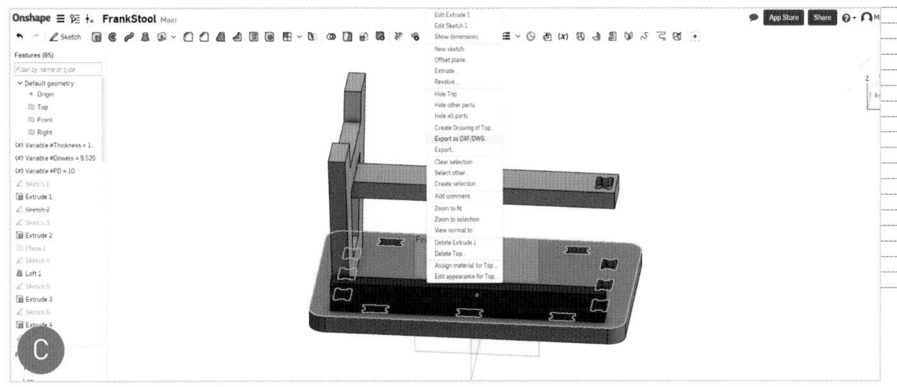

從我有記憶以來，我們所有家族成員的家裡一定有一件裝置：一個小木頭板凳。那是我的曾舅舅法蘭克向一個工程師同事買的，而且幫家裡每個女性成員都買了一個。我媽媽那個板凳成為我星期六早上看卡通時的早餐桌，也是我讓角色公仔們大戰一場的堡壘，更是我大約7歲時，製作第一個木工作品的工作檯。當祖母去世時，我唯一要的就是她的板凳。

有天看到妻子在壁爐前，坐在祖母的板凳上，讓我有個想法：我可以重新設計這個板凳，並用CNC工具機裁切製作，希望法蘭克曾舅舅的家族禮物可以擴展成為下一代Maker的第一個工作檯、繪圖桌，或是思考椅

設計

為了讓這個新版本易於裁切，我重新整理了各方面設計。設計內容在網站OnShape上（onshape.com），免費且可以輕易地調整。檔案位址為makezine.com/go/cnc-step-stool。

1. 測量材料

準確測量整片木板材料的厚度（圖Ⓐ）。利用OnShape模組，雙擊「#Thickness」（厚度），輸入測量到的厚度（圖Ⓑ），然後點擊打勾處，它就會調整所有的接合處成為壓入式結構（雖然我真心建議要用黏著劑）。

2. 製作向量檔

在模組中的每個部件的頁面中按滑鼠右鍵，選擇「Export as DXF/DWG」（匯出DXF／DWG檔）（圖Ⓒ），導出2D向量檔。務必點擊板凳最上方木板與橫跨的支架兩者底部表面的部分，才會輸出接合處的孔洞檔案。接著點擊表面積最大的兩個側邊組件。

3. 切割工作設定

將木板的尺寸輸入到VCarve（我以mm為單位），將切割起點設在組件的左下方，數字0代表你要裁切的木板頂端。一次輸入一個DXF檔案，並利用「Join」（合併工具）將所有向量線條接合。根據你使用的木板尺寸分配組件圖形如何分布，在角落保留足夠的空間。我在一片44英寸×11英寸木板上容納板凳的所有組件（圖Ⓓ）。

板凳裁切分成三個部分操作：凹槽（pocket）（圖Ⓔ）、內側裁切（inner cut）（圖Ⓕ），以及外側裁切（outer cut）（圖Ⓖ）。凹槽設定會裁切掉選定區域中所有的材料，留下孔洞。選擇輪廓裁切工具（Profile cut tool），然後在機械向量（Machine Vectors）的選項中，先選擇「Pocket」來切割狗骨形狀倒角。我喜歡使用$1/4$英寸的雙直槽鑽頭，不過這個設計中，你只需要把所有凹槽裁切到10mm深。如果想要深一點（或淺一點），確保匯出之前，在OnShape檔案中調整「#PD」變數。

接著在輪廓裁切工具（Profile cut tool）中選擇「Inside」（內側）來裁切椅腳內側部分。向量裁切的點可以位於線的內側、外側或沿線。切割的過程必須一路到底，因此裁切的深度要設定為木板的厚度。操作設定完成前，要確認在組件上增加一些空隙（tab），避免組件在裁切後從底板上鬆開，可能會對作品、機器，甚至是你的人身安全造成傷害。

最後，設置外側裁切——這是整個專題最主要的部份。在輪廓裁切工具（Profile

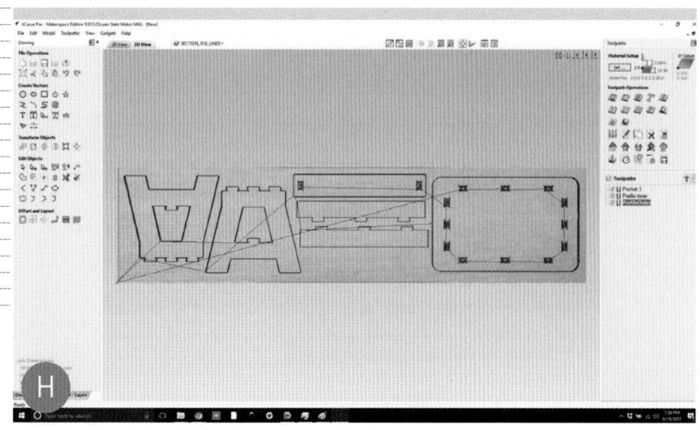
H

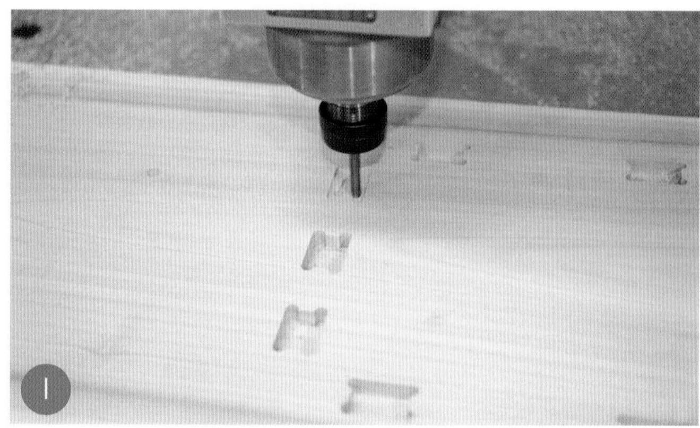
I

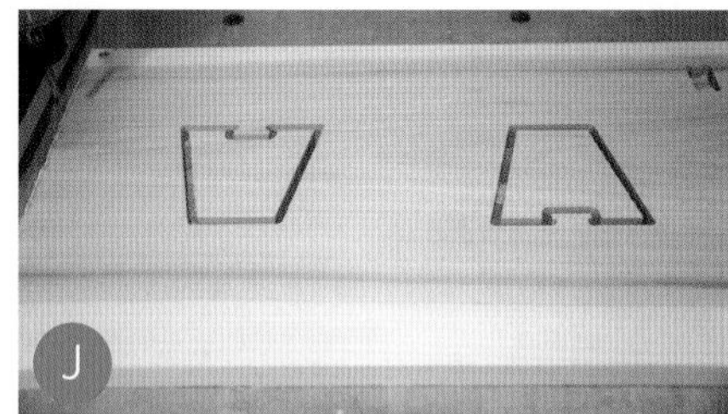
J

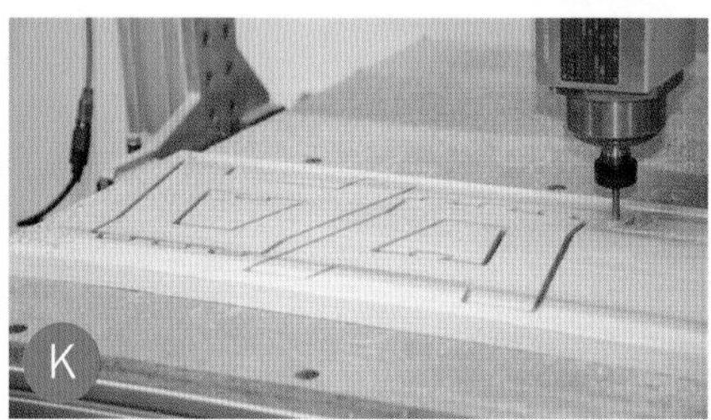
K

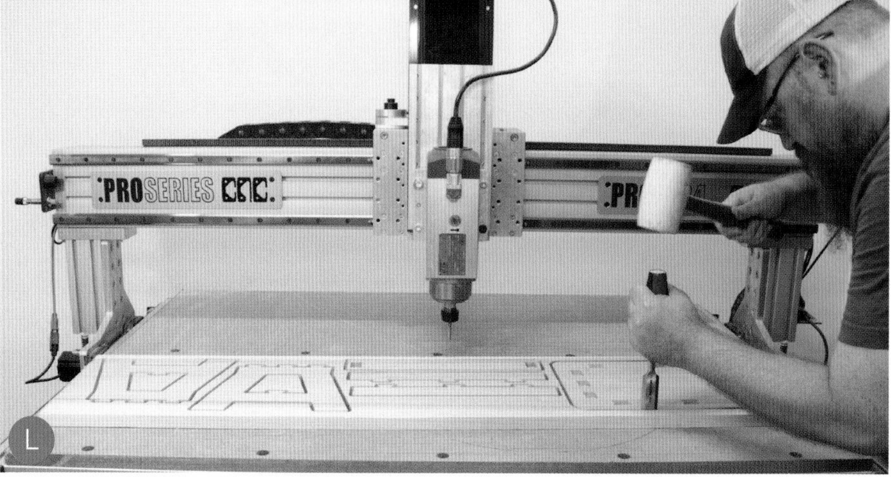

L

Matt Stultz, Mike Stultz

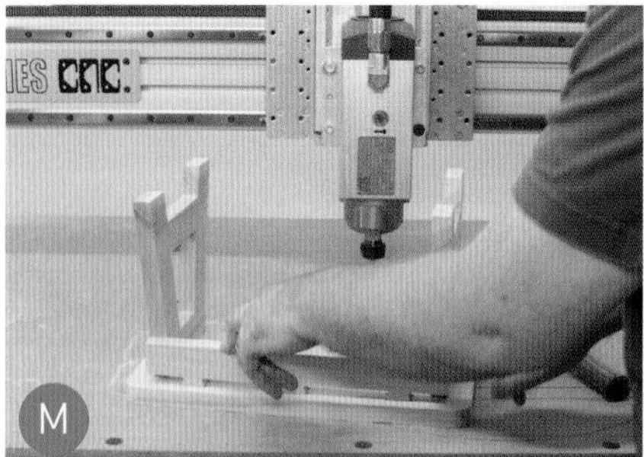
M

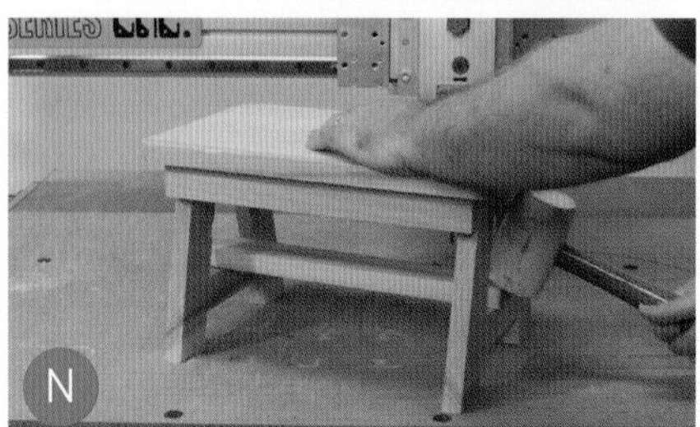
N

cut tool）中選擇「Outside」（外側），並一樣加上空隙，這次的裁切同樣要一路到底。所有路徑都設置完成後（圖H），將檔案匯出成符合你的機臺型號的G碼。

4. 開始裁切

將材料放在平臺上，確保與機器保持直角。重要：如果你用螺絲固定材料，要再三確認螺絲沒有擋在切割路徑上，破壞整個製作過程。如果匯出檔案的時候，你把G碼分成個別的操作檔案，記得先處理凹槽操作。

安全第一： 使用CNC雕刻機前，確保你有穿戴保護眼耳的防護用品。

凹槽操作（圖I）完工之後，接著處理內側裁切（圖J），然後是外側裁切（圖K），完成整個切割工作。

5. 組裝

將木板從底座拿下，沿著空隙裁出每片部件（圖L），並用砂紙將木片邊緣磨平。板凳上端所有的孔洞都加上一些黏著劑，確保它平均塗滿洞孔的底部以及能確實黏著側壁的頂端。現在把椅腳壓入固定的位置，可能會需要用到木槌，因為這些組件必須緊密結合在一起，但要小心不要傷害到木頭。把兩邊的椅腳從各個角度輕搥，直到完全固定於位置上。

在每個椅腳補塗上約1英寸的木工膠，來協助固定側壁（圖M）跟椅腳，也讓板凳更結實。再次將每一個側邊朝頂部搥一下，直到它們完全固定。最後在支架的孔洞加上一些木工膠，把板凳擺成右邊朝上，將支架橫跨椅腳插入，並貼合木栓。如果有必要，就輕輕敲打一下固定（圖N）。靜置幾個小時讓黏著劑乾燥。

6. 完工收尾

可想而知這個板凳會被操勞使用好幾年，收尾的時候可以加上保護層。我喜歡用桐油，用破布擦拭之後，會被木頭吸收。它可以將木頭表面與外界隔絕，讓板凳可以承受所乘載的壓力。

迷你雷射秀
Little Laser Show

文：伊凡・史丹佛　譯：張婉秦

用3D列印的手動裝置創造酷炫影像

伊凡・史丹佛
Evan Stanford
一位軟體開發工程師，居住於洛杉磯，但是對於3D建模跟機械工程一直很有興趣。3D印表機讓他可以更進一步發展自己的興趣。

時間：
2小時，加上很多的列印時間
成本：
40美元

材料

» **3D印表部件** 於 thingiverse.com/thing:2383299 下載免費檔案並列印，或是請服務供應商協助
» **雷射筆**
» **鬆弛的橡皮筋** 普通的橡皮筋可能產生太多的阻力

工具

» **3D印表機跟線材**
» **電腦與專題程式碼** 可於 github.com/EvanStanford/cams 免費下載（如果建立新的設計可能會要求付費）

用3D列印的手動裝置創造酷炫影像「機械雷射秀（Mechanical Laser Show）」是一個手動裝置，藉由快速移動雷射筆投射出影像。整個裝置都使用3D列印，所有部件都是開源、免費下載， 而且不需要任何工具，用手就可以輕鬆組裝。

如何運作

這個裝置讓雷射光沿著路徑重複移動，而由於視覺暫留現象，我們只會看到完整的圖案。用手柄轉動2個近乎圓形的凸輪，雷射光就會以「從動件」（follower）方式，在2個凸輪上方移動（圖A）。轉動的過程中，凸輪的半徑會跟著增加或減少，進而讓從動件隨著規劃的路徑移動。一個凸輪沿著X軸的移動，另一個則沿Y軸移動。凸輪的輪廓依照每個圖案精確計算，凸輪每轉動一次，雷射光就跟著軌跡移動一次。因為凸輪與手柄間5：1的齒輪比，凸輪每秒會轉動5次。

製作凸輪輪廓

凸輪輪廓是經過計算後，由一連串的點組成的凸多邊形，而輸入的路徑（星星、蝙蝠俠等圖案）也是由許多點組成（圖B）。輸入的每個點都經由幾何轉換輸出到凸輪上。我寫了一個開源的Golang軟體來進行計算。你可以觀看影片（youtube.com/watch?v=_dtBUiaAqRE），或是查看程式碼（github.com/EvanStanford/cams）以獲得更多資訊。

設計過程

當我發現有辦法製作出這個裝置之後，我設計了一個複雜的方案。然後我重複嘗試好幾遍來簡化並減少部件。最終的設計只有3個獨立移動、需要列印的部件。

然後我觀察部件的互動情況。在過去經驗中，最好的3D列印緊固件是螺帽跟螺栓，所以我用用軸螺栓把凸輪跟轉動手柄固定在位置上。所有的軸栓都有螺紋並拴緊，這樣在使用時才夠穩定。為了達到這個目的，我把其中一個軸螺栓製成左旋螺紋。

最後，我研發出這些凸輪的檔案，並列印好幾個版本，在計算正確之前，它們都有一些誤差。我將所有東西都用SketchUp先行建模，並在Golang編寫程式碼。

可能的改善

目前機械雷射秀只能顯示連續並連接的路徑。其中一個簡單的解決辦法，是在其中一個凸輪上增加快門輪，就可以間歇性地阻擋雷射光。為增加速度跟準確度，你也可以將硬體換成電動馬達，而不用手動。

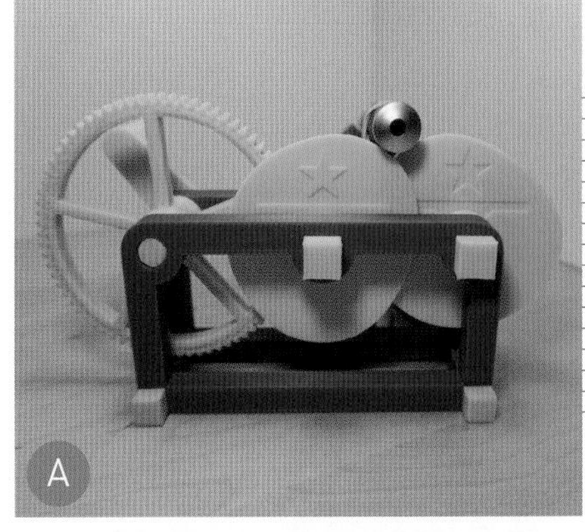
A

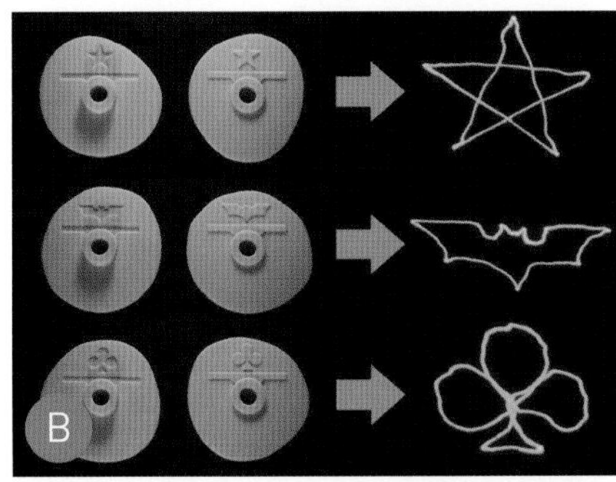
B

Evan Stanford

你可以在youtube.com/watch?v=_dtBUiaAqRE觀看機械雷射秀的實際操作，並學習更多。

文：李成寶（音譯，Seng-Poh Lee）　譯：張婉秦

iPad Teleprompter
iPad 提詞機 3D列印一臺文字顯示器

時間：
組裝30分鐘，加上很多列印時間
成本：
25美元

材料

- » **3D 列印部件** 從 thingiverse.com/thing:1665711 下載檔案。你需要列印的有：相機增高架（2）、iPad 支架、玻璃邊緣保護框（3 個，需要裁切其中 2 個，各 2" 長）、底座平臺、相機底座、三腳架座或是 Manfrotto 相機座、玻璃邊緣保護框四角（4）
- » **機械螺絲與螺帽，6×32×3/4（4），6×32×1"（12）**
- » **機械螺絲與蝶型螺帽，10×32×1¼"（2）**
- » **機械螺絲，¼×20×1/2"**
- » **黑色絨毛布，½ 碼** 或是其他深色材料
- » **各種尺寸的長尾夾（6～8）**
- » **玻璃或壓克力，10"×8"**
- » **藍色遮蔽膠帶**

工具

- » **3D 印表機與線材** 或是利用供應商的服務
- » **AB 膠環氧樹脂**
- » **金剛固力膠（非必要）**

最近我需要一臺攝影機用的提詞機（teleprompter），可是我竟然無法及時在Thingiverse網站上找到任何一臺（不敢相信）！所以只好趕快硬生出一臺。這個成品是專為我的需求設計，請自行修改以符合個人需求。

1. 列印部件

於thingiverse.com/thing:1665711下載部件檔案（圖Ⓐ）。如果你沒有3D印表機，可以請服務供應商幫你列印，像是Shapeways或Sculpteo。

2. 組裝部件

用6顆6×32×1英寸的機器螺絲跟螺帽將底座平臺與iPad支架接在一起，然後將相機增高架插入底座的插槽，並用AB膠環氧樹脂固定。接著用另外6個6×32×1英寸機器螺絲跟螺帽將相機座安裝在增高架上。

3. 安裝玻璃

用2顆10×32×1¼英寸的機器螺絲與蝶型螺帽，將玻璃用的鉸鏈固定於相機增高架上。在玻璃四周平整地貼上遮蔽膠帶（painter's tape）。我傾向貼兩層，這樣卡進鉸鏈後能更加牢靠。將2條玻璃邊緣保護框裁成8英寸。我使用Dremel的工具，不過如果你是用PLA線材列印，可以用美工刀切割。把保護框安裝在玻璃的三個邊上，並將四個角固定於位置上。小心地將玻璃未安裝保護框的那一邊（但是有貼膠帶）放入鉸鏈，如果覺得有點鬆，就再貼一層膠帶，想要增加穩定度，可以在安裝前將邊緣塗上金剛固力膠（Gorilla Glue）。

4. 加上底座平臺

用4顆6×32×¾英寸的機械螺絲跟螺帽將底座平臺安裝到三角架座上（任何型號的三角架都可以）。要特別注意兩個部件的安裝接觸面是哪一面，因為它們已經有各自的螺絲沉頭孔，這樣可以減少螺絲用的3D列印檔案數量；因此要確認螺絲的沉頭孔都在外側。把所有部件都鎖在三角架上，或是插入Manfrotto相機座。

5. 架設 iPad 跟照相機

用iPad開啟選好並下載的提詞應用程式，並將iPad安裝於支架上（圖Ⓑ）。將相機安裝到相機平臺，並用¼×20×½英寸機器螺絲鎖在三腳架上。以三腳架為重心，試著調整相機跟iPad的平衡。用PLA列印的部件不太堅固，尤其還有層線紋路，因此如果負載過重可能容易斷裂；你可以沿著軌道移動螺絲安裝的位置。要確認玻璃升起的時候跟鏡頭保持足夠的距離，不會互相打到（圖Ⓒ）。用一塊黑布覆蓋相機機身，然後用長尾夾把布固定在玻璃上。現在就只要放輕鬆，正對相機說話就好。

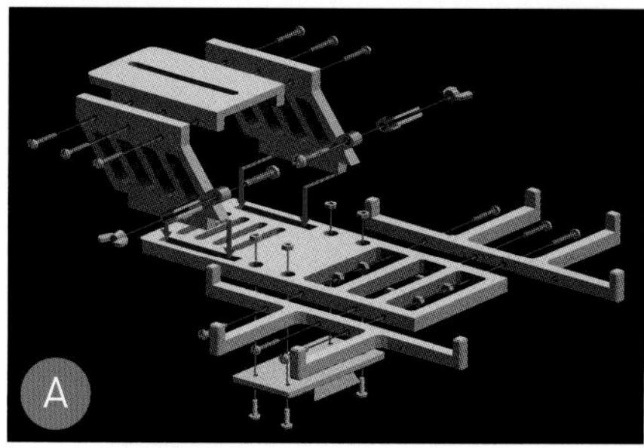
A

B

C

Hep Svadja

Toy Inventor's Notebook

佳節氣氛玻璃窗印花 文、圖：鮑伯．聶茲傑爾 譯：編輯部

時間：10～30分鐘
成本：5～25美元

材料

» 色卡紙或重磅的紙
» Window Wax 玻璃清潔劑
» 醋酸鹽（非必要）

工具

» 電腦和印表機
» 筆刀（hobby knife）
» 海綿
» 膠帶（非必要）
» 雷射切割機或電腦割字機（非必要）

這個有趣又簡單的技巧，不但能夠裝飾玻璃窗，還能順便擦窗！把有節日氣氛的圖案裁下來，輕沾一些玻璃清潔劑，黏到窗戶上。當它風乾變成一片白色霧狀，你就有宛如白色聖誕節的窗戶了！佳節過後，再把薄霧抹掉，就會留下一片清潔溜溜的玻璃窗。

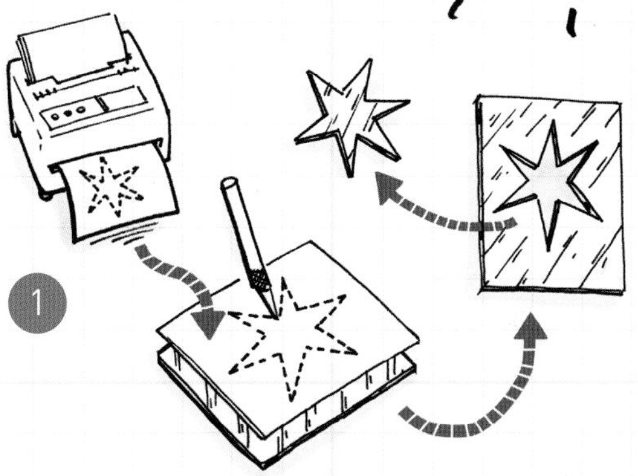

1

❶列印與裁切模板

你可以在makezine.com/go/holiday-window-stencils下載圖案，然後列印在色卡紙或磅數較重的紙上來製作模板。用筆刀（hobby knife）仔細地把模板的形狀割下。如果希望模板能持久保存，可以將模板泡一下醋酸鹽，或是墊在另外的塑膠薄片上再裁下。你也可以下載圖案的向量檔，就能用雷射切割機或電腦割字機裁切。

2

❷固定至窗戶

先用手或膠帶把裁切完的模板固定在窗戶上，用海綿沾一些清潔劑搽上去，一次抹一點，慢慢把模板中空的部分填滿。完成啦！

（記得幾年前我有用Glass Wax做過一次，可是味道超級無敵重，我現在換成比較成分比較環保的Window Wax了，呼！）

鮑伯．聶茲傑爾 Bob Knetzger
一位設計師、發明家兼音樂家，他製作的玩具不僅得過獎，也出現在《The Tonight Show》（吉米法倫今夜秀）、《Nightline》（夜線）與《Good Morning America》（早安美國）等節目中。他的著作《Make: Fun!》在 makershed.com 與各大書店皆有販售。

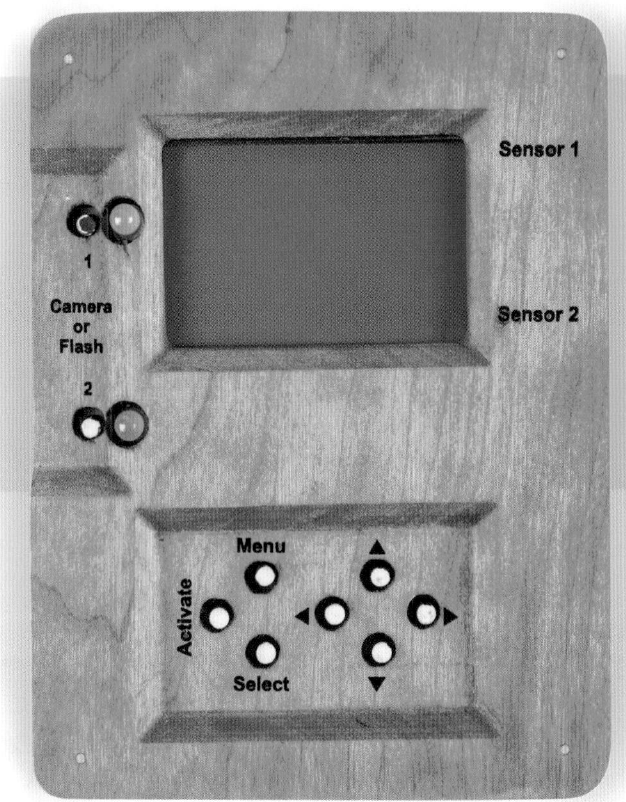
Sensor 1
1
Camera
or
Flash
Sensor 2
2
Menu
Activate
Select

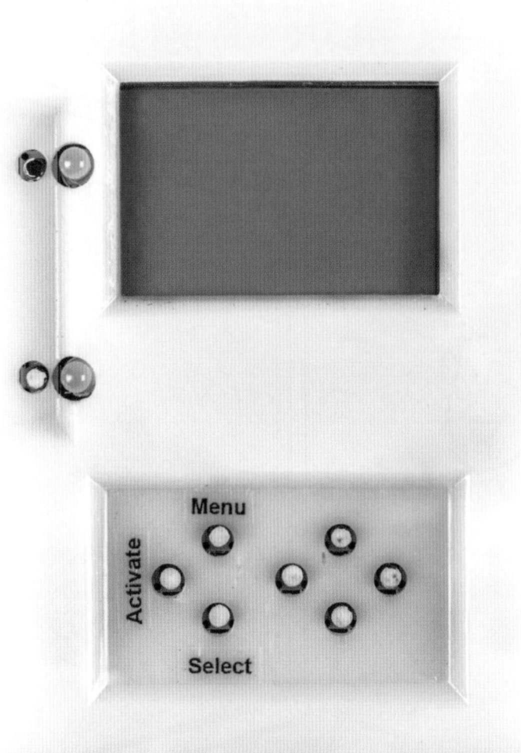
Menu
Activate
Select

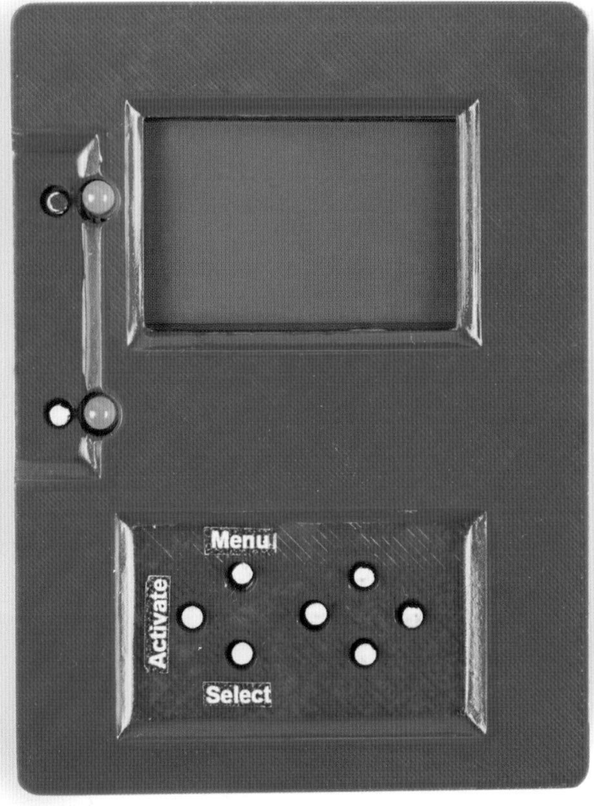
Menu
Activate
Select

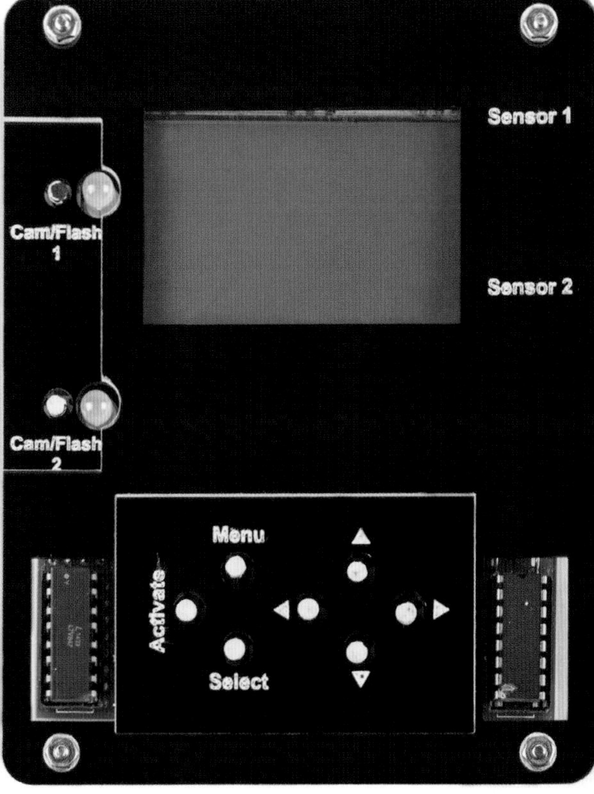
Sensor 1
Cam/Flash
1
Sensor 2
Cam/Flash
2
Menu
Activate
Select

Make Your Case

原型製作冒險之旅

CNC、雷射切割、光固化與熱熔融沉積式列印大比拚

文：亞特・克拉姆西　譯：屠建明、編輯部

亞特・克拉姆西
Art Krumsee
於IT產業任職董事三十年，專精網路與網站製作技術領域。有時兼當相關領域顧問，不過最近花愈來愈多時間做各式各樣的事，包括開設冥想課程、在Columbus Idea Foundry（哥倫布市創意鑄造廠）製作創新的專題。

使用3D印表機和CNC雕刻機製作原型時，各有哪些優缺點呢？我對3D設計和3D列印毫無經驗，可是我有一個莫里斯・李布（Maurice Ribble）設計的超棒Camera Axe相機控制套件，而且決定要幫它做一個外殼。Camera Axe包含一塊4×3.25英寸的Arduino控制板，加上9個開關、2顆LED指示燈和一個小型LED顯示器。要製作這個外殼並不簡單，因為這個套件版本原本不是要放在盒子裡用的。後來我決定分別用兩種3D印表機（熱熔融沉積式的LulzBot Taz 5、及光固化　的Formlabs Form1+）、ShopBot CNC雕刻機以及120W Trotec Speedy 400雷射切割機來製作，比較個別的結果。

3D 設計

學習CAD軟體是我遇到最大的困難。最後我選擇使用Autodesk的Fusion 360。它非常強大，以雲端服務為基礎，功能還在持續增強中，而且業餘玩家可以免費使用。在開始前我花了好幾個小時看YouTube上的教學影片，終於比較熟悉這個軟體，花費的時間堪比學習Photoshop（圖A）。

使用這兩臺3D印表機和這臺CNC雕刻機的工作流程很類似：

1. 先在3D CAD軟體設計物件，並以STL格式匯出。
2. 把STL檔案匯入機器的預處理軟體。
3. 用預處理器製作支柱並將物件定向。如果使用CNC雕刻機，則再建立刀具路徑。
4. 把最後的設定以G碼格式匯出。
5. 用印表機或雕刻機的控制軟體載入並執行G碼。
6. 製作完成後，把部件取出並依需求加工。

從設計到製作的循環

我選擇從LulzBot開始，不斷地列印部件、調整設計，然後再次列印。我把列印品質調至「低」，只要4小時就能拿到可用的樣品。以印表機的最高品質設定列印，會需要8個多小時。

Lulzbot印表機附有預處理軟體Cura。用預設設定就可以印出不錯的品質，不過最後我將外殼設定為內面朝上，並以自動產生的支柱來填補外面內凹的部位（圖B）。

雖然我的設計需要支柱，但它們會殘留不規則的凸起，很難用打磨去除，尤其是內凹的部位。我花了好幾個小時在打磨，最後用幾層壓克力噴霧做表面處理。

我起初列印的成品在中間有突起。要將它磨平來配合另一個半面，讓我很頭痛。ABS（丙烯腈-丁二烯-苯乙烯共聚物）樹脂堅固耐用，但也很容易翹曲。接下來我改用ColorFabb出品的nGen。它的翹曲程度低很多，可以產出品質穩定、表面加工後很好看的成品。

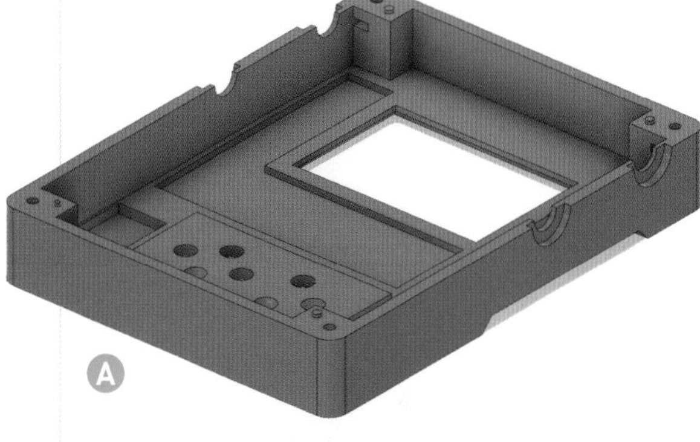

A

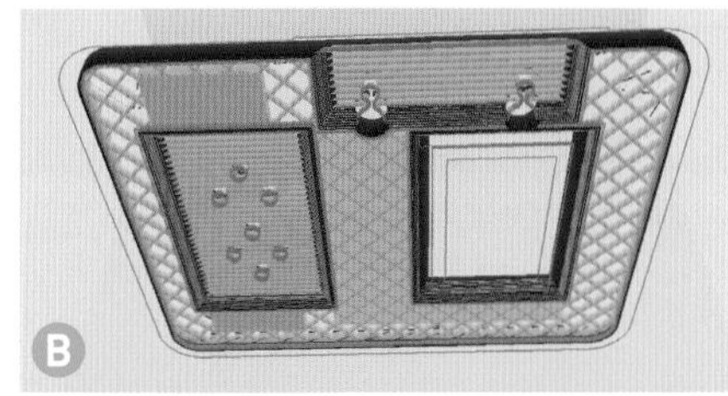

B

蓋子的背面，可以看到黃色的填充格和水藍色的懸伸區支柱。

C

Hep Svadja, Art Krumsee

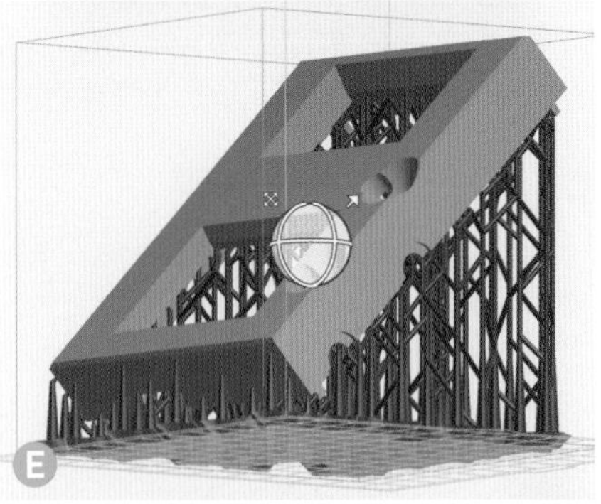

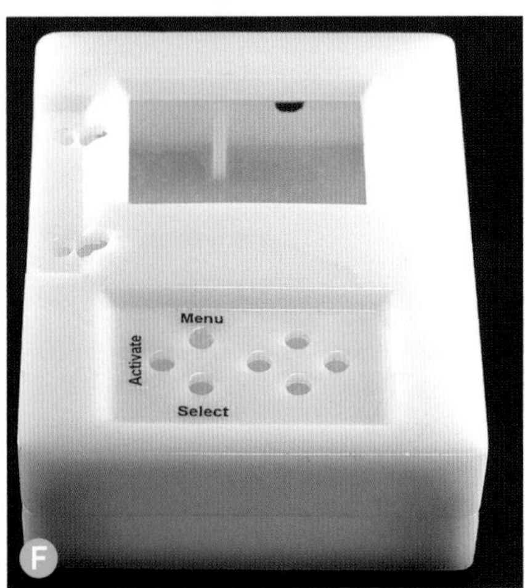

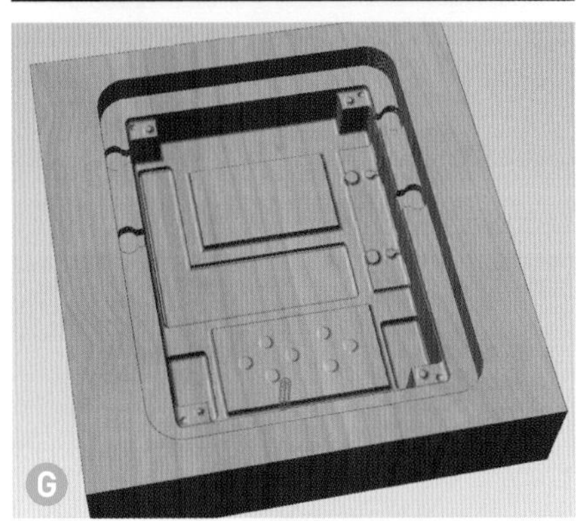

Art Krumsee

線材印表機一般以填充格來列印，而非實心的塑膠。如此可以節省材料和列印時間，同時不會大幅降低強度，但如此一來就難以使用螺絲，因為填充格支撐螺紋的效果不好。我的解決方法是採用熱固型黃銅襯套，用烙鐵協助，讓它們滑入列印出的孔，並讓塑膠融化以固定在位置上（圖D）。

使用 SLA

如同Lulzbot在Taz印表機內建Cura，Formlabs在光固化（SLA）樹脂印表機Form 1+內建了PreForm，工作流程幾乎一模一樣：先匯入部件的STL檔、產生要傳送給印表機的G碼檔案、把指令傳給印表機等（圖E）。

熱固型黃銅襯套無法用於SLA樹脂成品上，因此Formlabs建議設計出讓螺帽水平滑入的凹槽。螺帽可以用黏著劑固定到位置上，接著把螺絲從上方的孔插入。這聽起來很難，但我用Fusion 360其實相當輕鬆就完成了。列印成品的孔洞、凹槽及整體的品質都令人驚艷，側面和邊緣都很銳利、乾淨、強度也很高（圖F）。

先以CAD程式設計，就能用4種不同的製程來生產原型或正式成品，真的很神奇。

然而這是有代價的。SLA樹脂很昂貴，列印速度也慢，過程還會製造很多髒亂（不過新版Form 2多了樹脂匣，減少了一部份的髒亂），我的外殼一個面以中等品質列印要花約9小時。樹脂有黏性，而且可能造成皮膚不適，建議戴手套作業。列印成品表面會殘留樹脂，必須清除，通常需要在酒精中浸泡多次。最後，剛印出來的成品相當軟，必須以紫外線燈固化。把列印成品浸在水裡能加速固化過程。

以 ShopBot 進行 CNC 作業

決定外殼的下一個版本要用木材製作後，因為顧慮到木材無法承受刀具12,000 rpm的轉速，所以我把外殼壁面的厚度加倍，從3mm變成6mm（圖G）。

將CAD檔案儲存成STL格式後，我開啟ShopBot的預處理器vCarve Pro。Cura和 PreForm相對容易學，vCarve就不一樣了。首先，要定義將被切割的部件材料尺寸。為了壓低成本，我把2×6英寸的木材切割成6英寸的小塊。

使用vCarve最大的挑戰在於建立「刀具路徑」。匯入物件後，程式可以把它分解成個別的向量，而這些向量可以用來定義刀具的動作，而物件的設計必須以這樣的具體任務來定義。針對每個任務，使用者必須選擇合適的刀具並指定刀具在木材上的路徑。刀具路徑的任務包含切割內側輪廓（圖H）、內側細修、切割外側輪廓以及鑽孔等。我最後用了3種雕刻刀具（$^{1}/_{4}$英寸端銑刀、$^{1}/_{8}$英寸端銑刀、$^{1}/_{8}$英寸球端）和2個鑽頭（$^{1}/_{8}$英寸和$^{1}/_{16}$英寸）。每種刀具還有不同的設定選項：轉速多快、在木材上移動的速度、每一刀和前一刀重疊的程度等。所幸預設設定效果就很好。

vCarve將刀具的每個動作都以動畫呈現在螢幕。我用松木來切割初期嘗試用的部件，對品質出奇滿意。改用櫻桃木進行最後的正式切割時，我對它能把這樣複雜的物件切割得如此乾淨、精確感到驚艷（圖I）。我也發現當初重新設計壁面厚度時太過保守，如果是硬木的話，3mm的壁面應該不會有問題。

第四位競爭者：雷射切割機

測試完CNC和3D印表機之後，第四回合開始——也就是我從未用過的雷射切割機。將原本的3D設計重新改成平面似乎變得限縮，壓克力板的厚度也是固定的，有$^{1}/_{16}$英寸和$^{1}/_{8}$英寸等等。我原本的設計在頂部的正背面各有凹陷處。而雷射切割機無法製造凹陷，這些部分都要使用額外的壓克力板（圖J）。當然厚度也不一定只能是$^{1}/_{16}$英寸或$^{1}/_{8}$英寸。

從 Fusion 360 到 Corel

從CAD軟體改成用120W Trotec Speedy 400雷射切割機，意味著要另外把CAD設計匯入向量圖軟體（我用的是CorelDraw）。雷射切割機的設定與CNC工具機的進量與速度設定相同。

注意： CorelDraw Graphics Suite 可以 DXF 格式處理 CAD 圖檔。你要先關掉 Fusion360 中的「Capture Design History」（記錄變更）功能，再把草稿匯出成 DXF 檔，之後可以再改回來，不過先前儲存的變更紀錄就會不見。

限制與解決方案

原本我設計中間區塊要約1英寸厚，然而當我試著用Trotec切割1英寸的壓克力板時，機器慢了下來，成果很慘烈。後來我把它分成兩個部件，各用$^1/_2$英寸壓克力來切割。每個部分都維持形狀，但是厚度大概少了$^1/_{16}$英寸。我用一些補強的物件安裝，解決了厚度的問題。後方的部件有一個U型的開口，供電源線插入（圖K），所以需要轉個方向來切割此處的開口。我把一塊壓克力放在Trotec工作區左上角，在工具控制軟體中使用「Marker」（標記）功能，將切割位置做記號。

螺絲與標籤

我把底部裁切深度設定成$^1/_8$英寸深。因為穿進超過壓克力板一半厚，可以做出埋頭孔，完美安裝2-56螺帽。至於用雷射切割機製作標籤就是小事一樁了，不像用3D印表機和CNC雕刻機那麼困難。向量圖檔編輯軟體很適合放文字。我在下蓋增加標籤，列印在黑色壓克力板上（圖L）。我先把遮蔽紙放在上面，在字母的區域塗上白色顏料。接著用透明壓克力切割出上蓋，保護標籤字樣（圖M）。

結論

先以CAD程式設計，就能用4種不同的製程來生產原型或正式成品，真的很神奇。

使用ShopBot從開始設定到全部完成，花了$8^1/_2$小時，LultzBot Taz約$9^1/_2$小時，Form 1+則是13小時。用雷射切割機輸出所有零件只花了不到一小時，組裝也只花了15分鐘。

材質也至關重要。雖然塑膠很潮，傳統木材也有一些優點，例如抗衝擊性佳、強度非常高。每個部件都能漆成任何你喜歡的顏色。

接下來要談的是「好不好玩」。雖然Form 1+列印的元件有品質高、尺寸精確，但處理樹脂和固化元件的過程，精確來說，就是「噁」。ShopBot用起來很有趣，但也是個挑戰。我沒在旁邊監控不放心。線材印表機的運作也很神奇，只要啟動列印，在旁邊偶爾監控，就可以直接去做其他事。雷射切割部件看起來完成度高，不須額外打磨，而且速度很快，只要幾分鐘、甚至幾秒鐘就完成了。這款切割機感覺經過用心設計，軟體對初學者來說也易上手，很好用。如果有人想輕鬆快速製作東西，在我嘗試的這幾種技術中，我首推雷射切割。

如果有人想輕鬆快速製作東西，在我嘗試的這幾種技術中，我首推雷射切割。

雖然說我自己還是買了一臺線材印表機，最後正式成品則會用光固化印表機列印。後者的成品最美觀，需要打磨的時間最少。借助它漂亮的列印效果並減少打磨所需的時間。只要用砂紙稍加修飾，再噴幾層抗紫外線壓克力（來防止樹脂脆化），就可以使用了。雖說如此，我最感到自豪的還是櫻桃木切割的外殼。我就是喜歡木材，或許可以說我是具有老派美感的原型設計者！

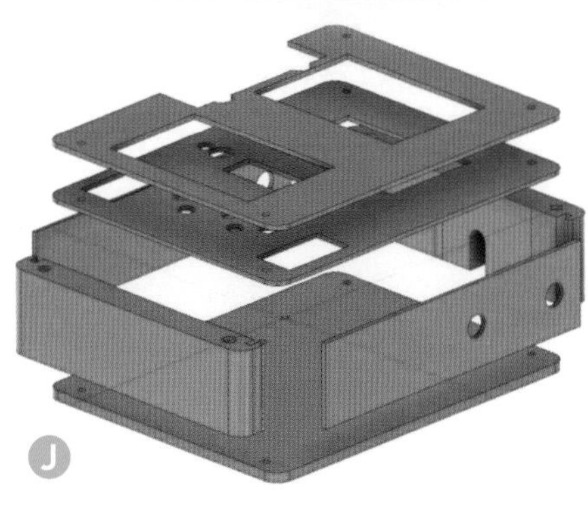

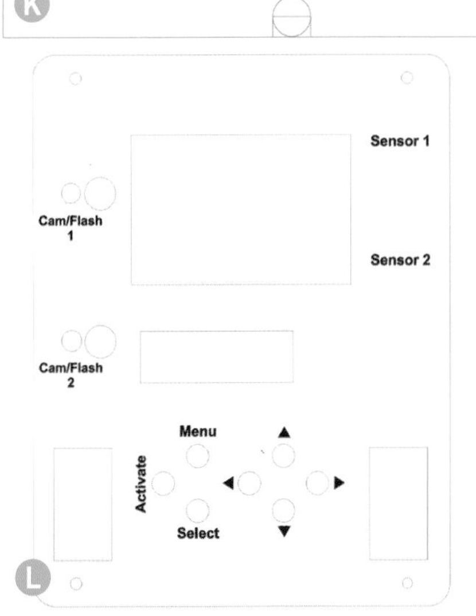

The Perfect Fit

完美榫接

以數位化細木工技術打造更好的組裝方式

文：塔斯克・史密斯 譯：鄭宇晴

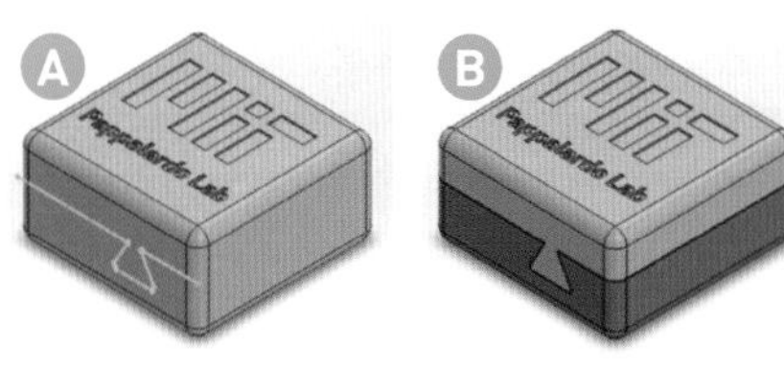

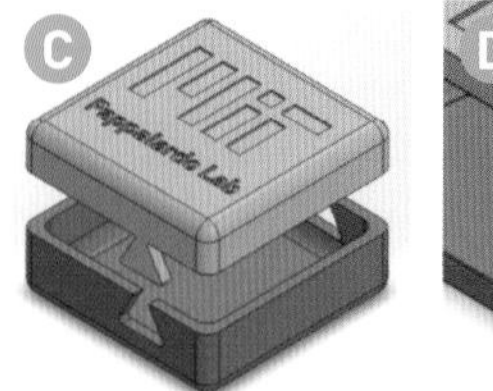

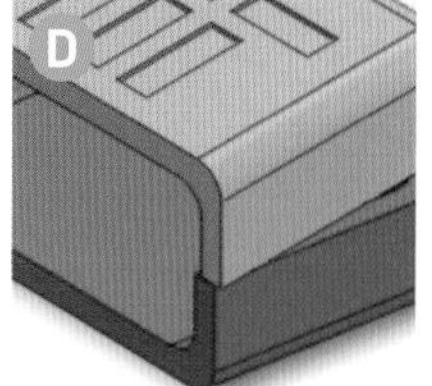

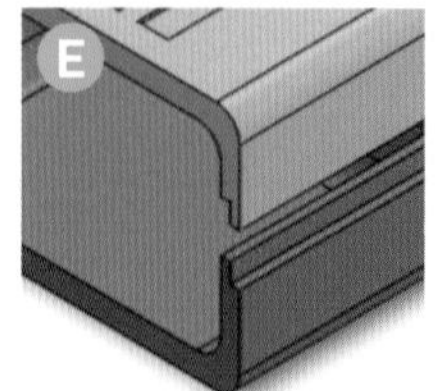

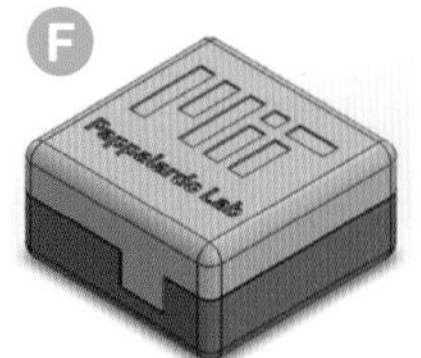

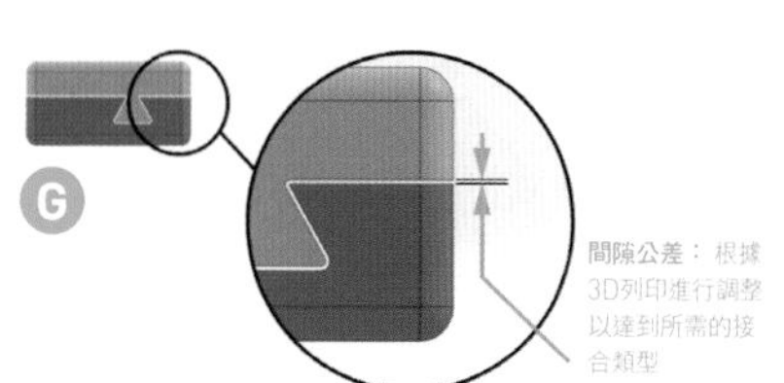

印表機種類	專業級	業餘級
測試機種	uPrint	MakerBot Mini
列印材質	ABS Plus	PLA
間隙公差	.005"/.127mm	.015"/.381mm

塔斯克・史密斯
Tasker Smith
麻省理工學院技術講師。他帶領學生了解數位製造的實際應用，以及反覆研發原型的過程。

Tasker Smith

榫接是一項有著數百年歷史的古老木工技術，作用是將分離的物件接合在一起。許多時候，要接合分離的物件都需要額外使用扣件、綁帶或黏合劑，但只要有合適的榫接結構，就能僅靠物件間的摩擦力穩固地做到這一點。藉由學習這項古老而重要的技藝可以使我們獲益良多，若將這樣的概念應用到數位設計上，更能夠大幅改善模型組裝的成果。

利用數位設計和組裝接合的物件，最大的好處在於你不必使用特殊的配置、工具和配件就能達成。如果設計得當，只需要一臺3D印表機、雷射切割機、水刀或CNC工具機，就能重複生產能巧妙接合的物件。

製作模壓分割線

1. 在物件上繪製分割線／接合處的細部結構（圖A）。
2. 沿著切割線將物件分離（圖B）。
3. 將分離的物件分開儲存（圖C）。

模壓分割線的好處

» **簡明易懂**——只需要更動一條分割線就能進行調整，大大地簡化了修正過程。

» **方便校準**——校準是3D列印物件很頭痛的問題。對頭接合（Butt joints）較難以校準，搭接接合（lap joints）則較複雜脆弱。若使用會迅速黏合的黏著劑來接合物件，又會使問題變得更加複雜。榫接的方式可以減低校準的不確定性，讓物件可以重複多次接合。

» **明確的指引**——在對稱的設計中，物件的擺放指示並不明顯。在其中加入不對稱的設計，可以讓人辨識出物件正確的定位，並正確地組裝。

» **物理接合方式**——鳩尾接合（Dovetails）以及其他包含倒角或死角的分割線，讓物件能在不使用黏著劑或額外扣件的情況下接合。對於需要重複接合的物件來說非常好用。

» **附著力**——物件之間的良好附著力，除了可由妥善的設計或良好的黏著劑做到以外，物件之間的接觸面積也是重要的因素。分割線之間密實的接觸，可以增強物件之間的附著力。

榫接設計指南

儘量簡化，記住以下的榫接基本常識：

» **對頭接合：**易於設計，但不容易校準（圖D）。

» **搭接接合：**能良好地校準，但若用3D列印較複雜脆弱（圖E）。

» **鳩尾接合：**能將物件鎖定在一起，還可以輕易地組裝和拆卸。

» **方鍵（Square keys）：**能讓物件精準的接合，適合與黏著劑一起使用。

» **不對稱鍵（Asymmetrical location of keys）：**有明確的接合指引（圖F）。

3D 列印指南

當你要接合兩個物件，請務必考慮到公差問題。3D列印的物件尺寸會因數位檔的來源而有所差異，在印製時都必須考量到這一點。通常專業的3D印表機的公差較小，而業餘印表機則公差較大。我們用使用兩種印表機做為實驗對象，分別是Stratasys公司的uPrint以及Makerbot的Mini。使用uPrint的成品之間僅需極小的空隙（.005in/.127mm）就能藉由滑動順利接合。Makerbot則需要額外的空隙（.015in/.381mm）（圖G）才能接合。這之間也有許多其他的考量因素，需要經過多次測試，才能有自信地印出完美物件。

影響 3D 列印精度的因素

1. 分開列印要接合的物件，並先印一小部分來測試印表機的公差。太緊或太鬆的接合處，只要將物件分開調整，不用花費太多時間和材料就可以解決問題。
2. 到了測試的最後階段，請使用相同的印表機設定，以便重複列印。

Cold Casting Techniques

常溫鑄模 用這個鑄模法做出以假亂真的金屬製品！

文、攝影：伊凡・摩根
譯：劉允中

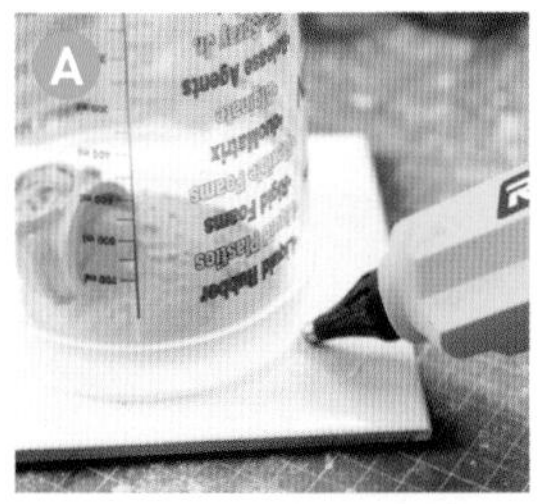

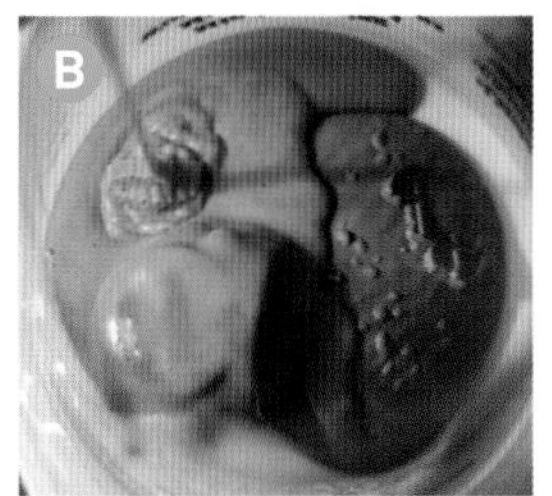

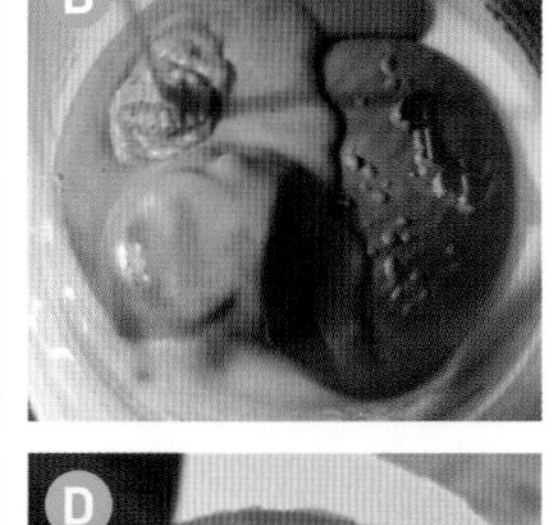

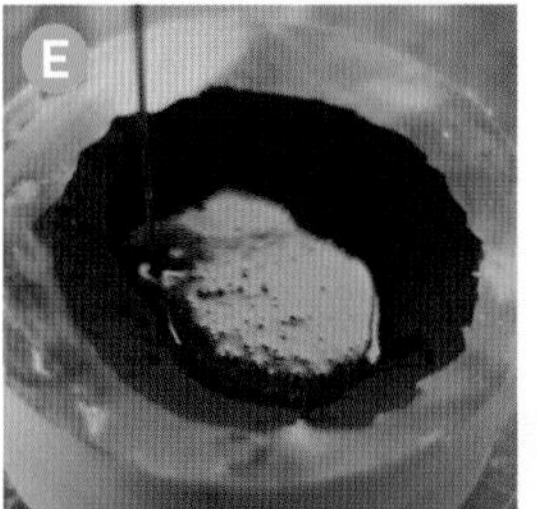

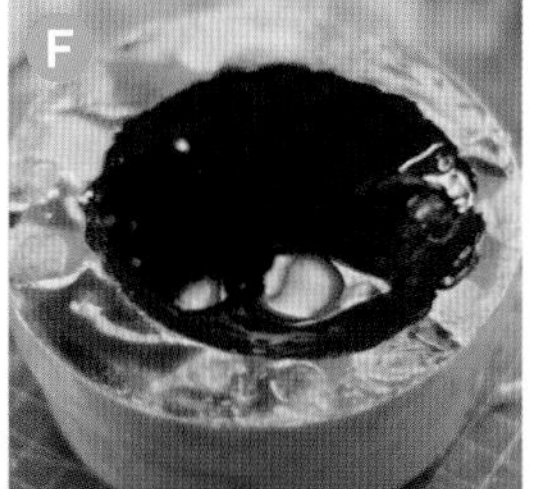

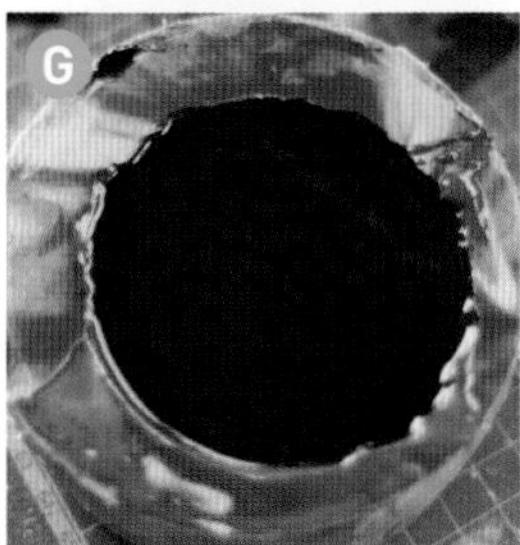

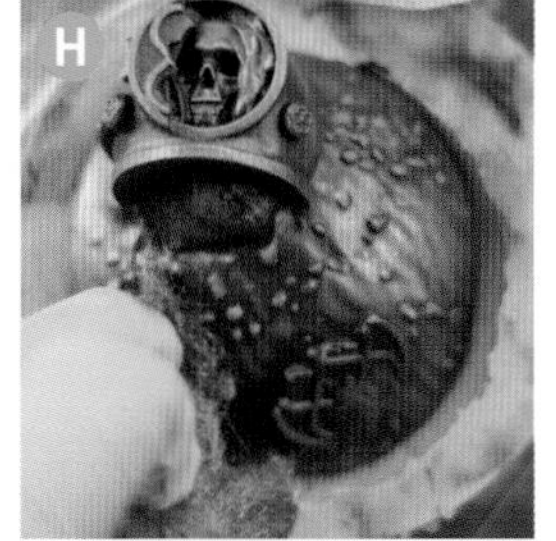

伊凡・摩根 Evan Morgan
一位全職接案的製模工作者，特別專精樹脂製模，在YouTube（youtube.com/model3devan）和Instagram（@evanmorgan93）上都可以找到他。

讓我們使用常溫鑄模，製作含金屬的樹脂作品吧。因為材料中本來就混入金屬粉，拋光之後，成品看起來就像真的金屬一樣。

製模

我建議作品原型底部要平坦， 這樣就只要一次灌模就一體成型，成品表面會很平順，不會有裂縫。首先，請用強力膠將原型黏在一個平面上（比如像是磁磚或木頭上），然後模型上面放一個免洗杯，將模型周圍$^1/_2$英寸都清乾淨，用熱熔膠將底部封起來（圖A）。

現在請戴上口罩和乳膠手套，根據材料供應商的指示調製一些矽膠，然後將杯子的底部割掉，從高處將矽膠倒入，避免產生氣泡（見圖B），直到矽膠液蓋過原型就停止，並給它一點時間成形。

完全乾掉之後，將紙杯拿開，從原型邊緣往外撕，直到可以將模型拿出來為止，現在，模已經完成囉（見圖C）。

模型澆鑄

將一些金屬粉末（銅粉、青銅粉等等）倒進模裡（圖D），用刷子抹勻，使粉末平均分布，這樣成品會比較美觀。然後將多餘的粉末拍掉。

大部分搪膠（rotocasting）用樹脂（例如Smooth-Cast 65D）都有兩個盒子，內含A與B劑，將兩劑等比例調製就可以使用了。請注意份量，使用剛好可以覆蓋模上方的量就好，調製時，在B部分加入一匙金屬粉，先將B劑調勻後，再將A劑和B劑在另外一個杯子中調勻（圖E）。

現在，請將模緩緩旋轉、傾斜，讓調好的樹脂覆蓋整個表面 ，然後持續這些動作，直到樹脂逐漸凝固、不會移動為止，這樣一來，表面應該會很平整均勻（見圖F）。

接下來調製第二批樹脂，這一次要將整個模填滿，調製時，先在B部分加入幾滴樹脂用染劑（儘量模仿金屬色）調勻，再與A混合。

將調好顏色的樹脂慢慢倒入模中，直到滿到表面為止，然後等待乾燥成形（圖G）。

表面加工

成形之後，小心地將矽膠邊緣撕開，直到把整個成形的作品拿出來就完成了。

最後，用**#0000鋼絲絨**（圖H）或**砂輪**前後擦拭或拋光一下，修飾到你對表面的光澤覺得滿意就可以了。

更進一步

如果希望成品更加精緻，可以試試看**高光澤拋光化合物**，或者，也可以考慮氧化處理，讓金屬外觀有陳舊感。

SHOW & TELL

這些讓人驚豔的作品都來自於像你一樣富有創意的Maker

做東西的樂趣有一半是來自秀出自己的作品。看看這些在instagram上的Maker，你也@makemagazine秀一下作品的照片吧！

文：麥特・史特爾茲
譯：編輯部

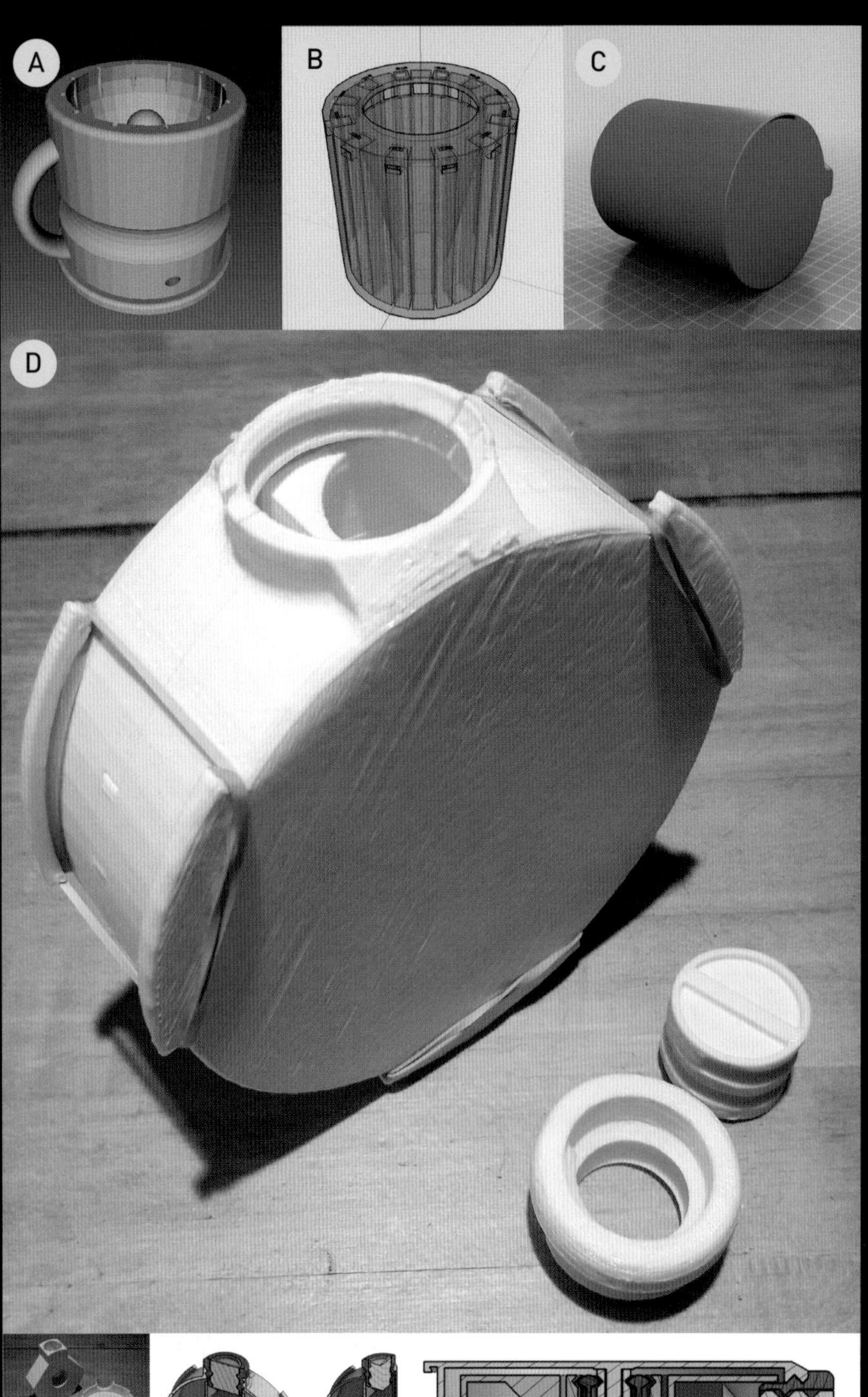

我們的「惡搞杯大賽」（Worst Cup Ever challenge）收到了許多優秀作品。大多數作品分成以下三種類型：虹吸杯、吸管杯和慣用手杯。儘管評審對這些作品看法不一，也有許多遺珠之憾，不過以下的杯子都是我們最喜歡的作品。

Ⓐ 虹吸杯

受畢達哥拉斯杯設計啟發，這些虹吸杯設計在杯內有相仿的抽吸系統，能將液體推出杯外並灑到持杯的人身上。由**安德魯・摩爾（Andrew Moore）**精心製作的「曲折的坦塔洛斯杯（Twisted Tantalus）」，正是這個杯子的經典範例。

Ⓑ 吸管杯

有許多參賽作品使用隱藏式吸管，如果沒找到的話，根本連吸都吸不到！我們欣賞的一些作品就是採用這種原理，例如**強納森・丁達爾（Jonathan Tindal）**設計的「吹牛杯」（Tricky Tumbler）。

Ⓒ 慣用手杯

這類型的設計是畢達哥拉斯杯改造版，專門惡搞慣用手為右手的人，一旦用右手拿杯子飲用，就會產生虹吸作用。如果你把杯子180度平轉，就可以放心喝了。我特別鍾愛**凱文・伊巴（Calvin Iba）**設計的「愚人節杯」（April Fool's Cup），他可以讓一個看似不起眼的杯子，變身捉弄人的道具。

Ⓓ 大賽冠軍

嚴格來說它不是杯子，不過作品發想所花費的時間，以及所投注的工程之多，讓它成為注目焦點。這個名為「難喝的要命水壺」（The Canteen of Denial），內部擁有軸承及上重下輕的設計。當杯身往上傾斜時，內杯會開始旋轉，讓使用者無法喝到內容物。其實水壺藏著祕密蓋子，蓋子中間有塞子，如果把塞子拿掉，蓋子就會固定內杯，如此一來就可以喝到裡面的飲料了。我們非常欣賞設計者在水壺身上花費的心思和心力，也很高興宣布**基弗・里德（Kiefer Read）**獲得第一名。這位冠軍將獲得SeeMeCNC贊助的H2 Delta印表機，讓我們也等不及要看他會做出什麼新花樣！